信 息 化 新 核 心 课 程（NCC） 融 媒 体 专 业 系 列 教 材

U0240521

安全开发实践教程

教育部教育管理信息中心◎组编

赵宇◎编著

人 民 邮 电 出 版 社

北 京

图书在版编目（CIP）数据

H5安全开发实践教程 / 教育部教育管理信息中心组编；赵宇编著. -- 北京：人民邮电出版社，2021.5
ISBN 978-7-115-55721-6

Ⅰ. ①H… Ⅱ. ①教… ②赵… Ⅲ. ①超文本标记语言—程序设计 Ⅳ. ①TP312.8

中国版本图书馆CIP数据核字(2020)第262620号

内 容 提 要

本书为教育部信息化新核心课程（NCC）融媒体专业系列教材，从前端、通信及服务器端这 3 个方面对 H5 开发中的安全技术和技巧进行介绍。

本书共 3 篇，第 1 篇主要介绍在 H5 应用前端开发中对用户输入信息进行验证的方法；第 2 篇主要介绍 H5 应用通信方面的安全防护技术；第 3 篇主要介绍 H5 应用服务器端的安全防护技术，并结合两个实例对 H5 应用的安全防护进行整体介绍。

本书适合作为高校教材，供计算机、软件工程、信息安全、网络安全、通信工程、大数据等相关专业的师生阅读。此外，本书也适合从事开发工作的读者阅读，以提高其安全开发技术水平。

◆ 组　　编　教育部教育管理信息中心
　编　　著　赵　宇
　责任编辑　罗　芬
　责任印制　王　郁　彭志环

◆ 人民邮电出版社出版发行　　北京市丰台区成寿寺路 11 号
　邮编　100164　　电子邮件　315@ptpress.com.cn
　网址　https://www.ptpress.com.cn
　北京市艺辉印刷有限公司印刷

◆ 开本：800×1000　1/16
　印张：15.75
　字数：254 千字　　　　2021 年 5 月第 1 版
　印数：1 – 3 200 册　　　2021 年 5 月北京第 1 次印刷

定价：69.90 元

读者服务热线：(010)81055410　印装质量热线：(010)81055316
反盗版热线：(010)81055315
广告经营许可证：京东市监广登字 20170147 号

信息化新核心课程系列教材编写指导委员会

主　任：李建聪
副主任：石　凌
策　划：马　亮　彭　澎
总主编：彭　澎　马　亮
融媒体专业系列教材编委：
王　忆　王正言　玉汉友　王　志　王素艳　包　蓉　任秀芹　任鹏涛　刘　敏
李丽丽　杨金虎　肖　平　张临瀚　张　超　陈丽花　赵　宇　胡晓乐　姜　旭
徐　娟　郭　芹　涛　香

信息化新核心课程融媒体专业系列教材专家组

组长：
侯炳辉　清华大学 教授

成员：（顺序不分先后，按照姓氏笔画排列）
吴小华　中国美术学院 教授
张　骏　中国传媒大学 教授
陈　禹　中国人民大学 教授
姜大源　教育部职业技术教育中心研究所 研究员
赖茂生　北京大学 教授

出版说明

信息技术的飞速发展，对教育产生了革命性影响。以教育信息化带动教育现代化，是我国教育事业发展的战略选择。构建覆盖城乡各级各类学校的教育信息化体系，促进优质教育资源普及共享，推进信息技术与教育教学深度融合，对于提高教育质量、促进教育公平和构建学习型社会具有重要意义。

教育部教育管理信息中心作为教育信息化的实施和技术支撑部门，在教育部网络安全与信息化领导小组和教育部科学技术司的统筹领导下，重点推动面向学生、教师、学校管理的教育管理信息化建设，自 2000 年起开展了多项信息化人才培训工作，培养了一大批信息化人才，在教育、教学、管理及其信息化支撑保障中发挥了重要作用。

根据《教育信息化 2.0 行动计划》的有关要求，为全面提升教师和学生的信息素养，我中心于 2019 年 4 月着手开展“信息化新核心课程”（以下简称 NCC）项目建设，以推进信息技术人才培养工作的转型升级。NCC 项目将整合行业优质资源，重点关注新技术，联合高等院校、企业共同建设专业核心课程，并以高等院校学生及相关专业教师为主要培训对象，以促进信息技术与教育教学、教育管理的深度融合为着力点，以推动新技术与岗位职业能力、创业就业技能的应用发展为导向，突出创新性、实用性和可操作性，并逐步建成与之相适应的多层次、多形式、多渠道的新型培训体系。

信息化新核心课程系列教材按照 NCC 项目建设发展规划要求编写，能满足高等院校、职业院校广大师生及相关人员对信息技术教学及应用能力提升的需求，还将根据信息技术的发展，不断修改、完善和扩充，始终保持追踪信息技术的最前沿。为保障课程内容具有较强的针对性、科学性和指导性，项目专门成立了由部分高等院校的教授和学者，以及企业相关技术专家等组成的专家组，指导和参与专业课程规划、教材资源建设和推广培训等工作。

NCC 项目一定会为培养出更多具有创新能力和实践能力的高素质信息技术人才，为推动教育信息化发展做出贡献。

教育部教育管理信息中心

前　言

H5 最大的特点就是跨平台，在不需要开发者做太多适配工作的情况下，用户只需打开浏览器就能访问 H5 页面。然而，随着 H5 应用的普及和推广，H5 应用面临的信息安全威胁也日益突出。H5 安全问题的产生不仅来自开发阶段，还受通信、用户操作等多方面的影响。为了使 H5 页面开发者在开发过程中建立起安全意识，了解和掌握 H5 安全开发的相关理论和影响 H5 安全的主要因素，了解和掌握 H5 安全开发的方法和手段，以尽量避免安全问题的出现，教育部教育管理信息中心组织编写了本书。

本书从如何开发相对安全的 H5 应用入手，全面、系统地介绍 H5 安全开发的相关理论和方法。本书主要介绍 H5 输入安全、H5 页面设计安全、H5 通信安全、H5 用户状态保持的安全、服务器架构与安全，以及服务器端的应用安全防护等内容。本书遵循理论结合实际，将复杂问题简单化的原则编写，案例丰富，非常适合教师教学和学生学习使用。

本书从开发的角度对 H5 应用的安全防护进行阐述，这与以往从安全漏洞修补的角度进行阐述有所不同。本书的内容涵盖了 H5 应用的前端、通信和服务器端的安全防护，内容相对庞杂，书中如有不足之处，欢迎读者朋友将您的宝贵意见和建议以电子邮件发送至我们的邮箱：luofen@ptpress.com.cn。

致谢：本书从规划、编写到出版，经历了很长一段时间，经过多次修改和逐步完善，最终得以出版。在此衷心感谢教育部教育管理信息中心和人民邮电出版社对本书的编写、出版给予的大力支持和帮助。此外，彭澎教授在全书的编写、创意及整体把控上给予了无私的支持和帮助，长期从事 H5 开发的 Peter Ren 为本书的编写提供了大量宝贵的建议和开发经验，在此对彭教授和 Peter Ren 表示由衷的感谢！

编者

2021 年 3 月

目 录

绪论

在过去的数年时间里，各种以 H5 制作的小游戏和“卡片式”营销广告涌入了人们的工作和生活。随着 H5 应用的普及和推广，H5 开发和应用面临的安全问题也越来越多。为此，H5 开发必须重视安全问题的预防和解决。本绪论将简要讲解 H5 中的安全问题，以及 H5 开发中所涉及的 HTML、CSS、JavaScript 三大技术中的安全要点，使读者对 H5 开发中有可能出现的安全问题有初步的认识和了解。

0.1 H5 安全简介

H5 是什么？H5 会在什么场景应用？H5 开发具体使用的是什么技术？在 H5 开发中可能会出现什么样的安全问题？了解这些问题背后的基本知识是进行 H5 安全开发的基础。

0.1.1 什么是 H5

H5 从最初的“惊艳亮相”到“井喷式爆发”只有短短几年的时间，活跃在包括微博、微信等在内的媒体中。H5 的作品通常将内容、创意、设计、影视、音频、游戏、娱乐等融为一体，并具有较强的时效性。

如同 JavaScript 可以被简称为 JS 一样，在很多人眼里 H5 是 HTML5（第 5 代

HTML 标准）的简称。实际上 H5 不仅包括 HTML5 的技术，还包括 CSS、JavaScript 在内的诸多技术。H5 并不是一项独立的技术，也不是一项独立的标准，而是用于实现网页互动效果的技术集合。

H5 可以跨 iOS、Android 等多种操作系统，具有跨 PC 端、移动端等多种平台进行应用开发的优势，再加上其所具有的实时、自主、差量更新等特性，能够满足用户快速享受最新服务的需求，从而为用户提供良好的应用体验。

H5 的应用范围很广，从应用场景角度来看，主要体现在以下两个方面。

1. 融媒体

到目前为止，融媒体还没有一个统一的、人们公认的定义。但是，总体来讲，融媒体具有将线上、线下多种媒体形式进行整合，将资源、内容、宣传、利益等融合在一起的特点。融媒体在广告推广、市场营销、媒体宣传、新闻传播等诸多领域有广泛的应用，而 H5 则是支撑融媒体发展的主要技术。

2. 信息系统

在基于浏览器 / 服务器（Browser/Server，B/S）架构的信息系统中，利用 H5 可以使图形、统计等的表现形式更加丰富，使用户操作更加便捷 。此外，H5 具有容易开发、实时更新、维护简单等诸多优点，使信息系统的开发和运维变得更加简单。

图 0-1 所示的是某企业的信息系统网站登录页面，该网站实质上是利用 H5 进行展示的响应式网站。

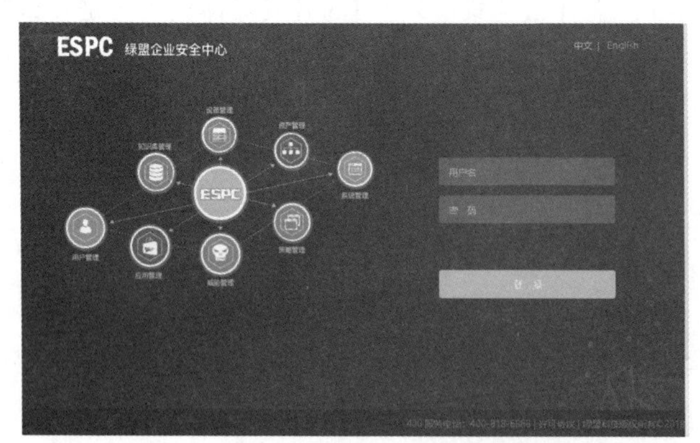

图 0-1　某企业的信息系统网站登录页面

扩展阅读

响应式网站：响应式网站区别于传统的以静态页面为主的网站，它可以自动适应不同终端设备的访问，方便用户阅读、导航浏览及进行控制操作，从而提高了用户体验。

B/S 架构：这是互联网兴起后的一种网络访问架构。B/S 架构将所有系统实现的核心功能全部集中到服务器上，将浏览器作为客户端供用户进行访问和操作。

0.1.2 H5 面临的安全威胁

当前，H5 在应用过程中所暴露出的安全问题存在着“一多一少”的现象：基于 H5 开发的信息系统显露出的安全问题比较多；而基于 H5 开发的融媒体应用显露出的安全问题相对较少。实际上，无论是基于 H5 开发的信息系统还是融媒体应用都会产生安全问题，只不过融媒体应用具有较强的时效性，使别有用心者发现其安全问题并可加以利用的时间较短，因此极大地减小了产生危害的概率，但这并不意味着融媒体应用的安全防护可以被忽略。

基于 H5 开发的信息系统与融媒体应用采用的技术相同，因此，后文介绍的 H5 安全开发技术，将以信息系统为主要分析对象。有关融媒体应用开发的 H5 安全开发技术可参照相关内容进行。

1. H5 安全问题的成因

H5 的安全问题大部分是在开发中产生的。这些安全问题是由技术、人员、制度等多个层面的因素综合形成的。

（1）技术层面

H5 作为融媒体应用和信息系统的开发框架①，包含了 HTML5、CSS、JavaScript 等多种开发技术和工具，而这些技术和工具存在不同程度的安全隐患与漏洞②，因此从技术的

① 框架：是软件框架的简称，软件框架是为了实现某个业界标准或完成某种特定基本应用功能的组件规范，同时也指为完成组件规范而提供的软件产品。

② 漏洞：漏洞是由于计算机网络硬件、软件、协议中存在的设计或实践缺陷造成的。漏洞使得攻击者能够利用其在未授权的状态对系统进行访问、操作。

层面来看，H5 面临安全问题的本质就是框架内各种技术存在的安全问题。

（2）人员层面

不少开发者对开发过程中的安全问题不够重视，并且安全开发意识不强，安全开发知识也有所欠缺，从而不能有效防范安全问题。此外，在人员培养阶段，如果对安全开发意识和安全开发知识的培养不足、不够深入，也会导致安全问题的产生。

（3）制度层面

从软件开发的现状来看，一方面开发者的注意力大多放在快速实现软件的功能上，对软件的安全方面不太重视；另一方面不少开发者对安全开发感到力不从心。在这种情况下，如果在软件开发过程中缺乏确保安全开发的制度要求，就很容易导致所开发的软件出现安全问题。

2. H5 安全问题的主要表现

H5 安全问题一般会出现在客户端、服务器及通信过程等 3 个环节，并且往往不会孤立地出现在某个环节，而是会同时出现在多个环节。典型的 H5 安全问题如下。

（1）管理控制台

大多数利用 H5 开发的应用会存在一个默认管理控制台，而管理控制台往往会依靠某种框架运行。只要别有用心者能够收集足够多的与管理控制台相关的信息，就可能从中发现安全漏洞，然后利用漏洞对管理控制台的接口发起攻击。因此，最稳妥的方法是将 H5 应用的管理控制台接口与服务隔离，以避免运行过程中的安全隐患。

（2）身份验证和访问控制

许多 H5 应用是通过 Web 方式进行身份验证和访问控制的，然而这种方式会带来一些安全隐患。对于身份验证和访问控制，用户既希望身份认证和访问控制具备可靠性、严密性及隐秘性，又希望身份认证和访问控制的过程不复杂，不影响使用的舒适性和便捷性。因此，开发者根据实际情况平衡好上述两方面的关系非常重要。在实际应用中，通常的做法是在用户所能容忍的复杂度的范围内，为用户提供可靠的身份验证和安全的访问控制。

（3）输入参数验证

在 H5 应用中，通常会通过参数验证来实现身份验证。由于这种验证是通过识别代码规则进行的，而发现这些规则的缺陷往往是别有用心者乐于追逐的目标，因此通过一个安全机制来传递所输入的参数（如身份信息）是非常必要的。输入参数验证所面临的一些常见的安全威胁如下。

- 目录遍历攻击

目录遍历是 H5 应用的服务器或 H5 应用所执行的程序对用户输入的文件名称的安全性验证不充分而导致的一种安全漏洞，使别有用心者可以利用一些特殊字符达到绕过服务器的安全限制访问任意文件（不局限于 Web 根目录中的文件），甚至执行系统命令的目的。防范目录遍历漏洞的方法中，最有效的是进行权限控制。

- XSS 攻击

跨站点脚本[①]（Cross Site Scripting，XSS) 漏洞是 Web 程序中最常见的漏洞之一。XSS 攻击是指攻击者向合法的 Web 页面插入恶意的脚本代码（通常用的是 HTML 代码和 JavaScript 代码），当用户浏览 Web 页面时，插入的恶意脚本代码就会被运行，从而实施恶意攻击。

- CSRF 攻击

跨站点请求伪造（Cross Site Request Forgery，CSRF）攻击是发生在客户端（用户）的攻击，指在用户通过浏览器登录网站后（如网站 A），并对该网站进行访问时，该用户又使用同一浏览器登录另一个网站（如网站 B），如图 0-2 所示，如果网站 B 存在攻击性代码，那么网站 B 中的攻击性代码就会在用户毫无所知的情况下通过浏览器利用用户在网站 A 的合法身份向网站 A 发出请求。由于网站 A 无法判断出该请求不是由用户发起的，因此网站 A 会根据用户的身份信息依照合理权限请求，从而导致网站 B 的恶意代码被运行，如图 0-3 所示。如果此时用户登录的网站 A 是用户网银的网站，那么网站 B 的恶意代码运行后就可能在用户未授权的情况下对用户网银中的资金进行操作，这个操作也将被记录为用户的合法操作。

① 跨站点脚本：本应缩写为 CSS，但层叠样式表“Cascading Style Sheet”的缩写也为 CSS，为示区别，故通常将其缩写成 XSS。

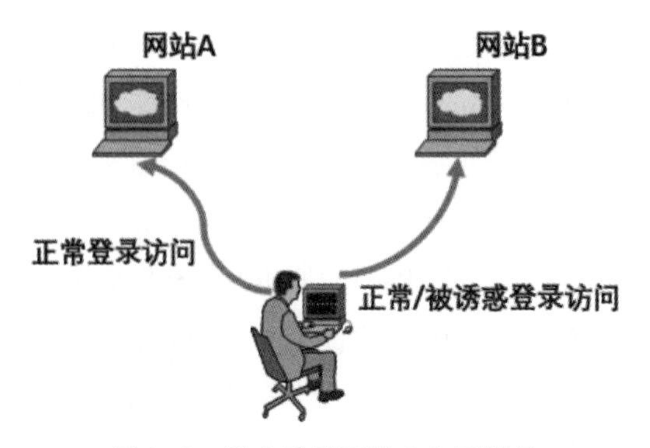

图 0-2 用户登录网站 A 和网站 B

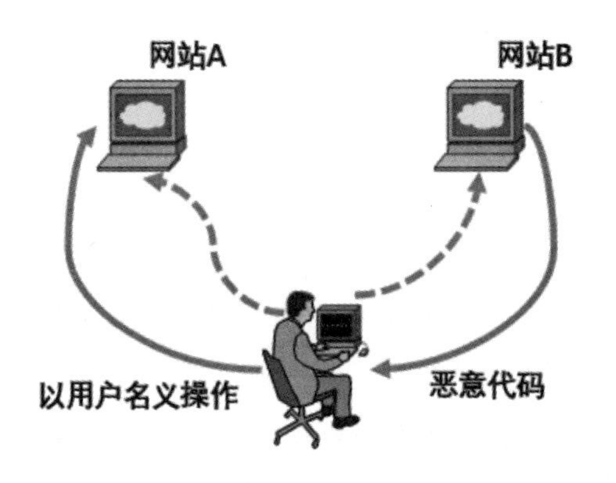

图 0-3 用户受到 CSRF 攻击

提示

XSS 攻击和 CSRF 攻击都是跨站点攻击，它们的相同点是不攻击服务器，攻击的都是正常进行网站信息访问的用户。XSS 攻击属于实现 CSRF 攻击的诸多途径之一。

• SQL 注入攻击

SQL 注入攻击是指通过现有的程序，将不属于程序本身的 SQL 语句注入后台数据库并对数据库进行攻击的行为。SQL 注入攻击的目的是非法获取网站的控制权，因此表单提交、URL 提交、cookie 参数提交等程序模块往往是 SQL 注入的主要对象。

此外，H5 常见的安全问题还包括会话管理、敏感信息泄露等，这里就不再逐一讲述。

0.1.3 H5 开发中常见的安全问题

H5 应用的安全问题主要来自需求分析、总体设计、代码编写等过程中存在的缺陷，这些缺陷是导致软件性能不高和出现安全问题的主要原因。另外，由于开发过程中使用开源代码、公用框架及模块，因此会有意或无意地引入一些已知或未知的安全威胁。

1. 代码开发引入的安全问题

H5 应用（融媒体应用、信息系统等）有可能出现的安全问题在前端、服务器端及通信过程中都存在。这些安全问题涉及范围广、种类繁多。出现在前端和服务器端的安全问题，如 XSS 攻击、iframe 风险、网页劫持、内容推断错误、第三方共享代码、静态资源完整性校验缺失、HTTPS 访问、本地存储数据泄露等，基本上都与代码开发有关，因此完备的代码开发可以在很大程度上避免这些安全问题的产生。对于通信过程中的安全隐患，则需要采用各种技术手段进行防范。

2. 交互设计产生的安全问题

H5 开发的安全问题还会因交互界面设计不合理而产生。这是因为交互界面设计不合理会使用户产生误解，当用户产生误解后，往往会导致误操作，从而产生安全问题。

0.2 如何开发相对安全的 H5 应用

H5 应用所面临的绝大部分安全问题与开发过程有关。开发者在开发过程中需要严格遵守开发的安全原则，并在此基础上，对开发中容易出现的安全问题的关键之处，利用安全保障手段进行有针对性的防护处理，只有这样才能开发出一个相对安全的 H5 应用。

0.2.1 H5 应用构架安全分析

对 H5 应用构架进行梳理、分析，可使开发者对 H5 应用的整体有一个清晰的认识。开发者将 H5 应用架构梳理得越清晰、越简单，就越有助于分析 H5 应用中的各种安全要素，就越能在后面的开发中做到有的放矢。

总之，分析 H5 应用的构架有助于从总体上减小 H5 应用开发中出现软件错误、逻辑缺陷、代码重叠等问题的概率，有助于协调、规范及统一开发者的编程风格，从而避免出现因编程风格不统一而造成的安全隐患。

0.2.2 H5 应用设计和开发的安全原则

H5 应用设计和开发的安全原则需要从权限管理、安全防护等多个方面进行考虑。

1. 与权限管理有关的原则

从表面上看，H5 开发的产品，特别是融媒体应用，在大多数人的印象中是不需要权限的。这是由于融媒体应用所面向的环境大多是开放的，对权限的要求并不高。但实际上，融媒体应用不仅包括用户所看到的前端展示出的网页，还包括为产品提供技术支持的网络、服务器等服务。这些服务涉及服务器、通信、用户等方面，这些方面都存在安全问题，而权限管理是非常重要的安全防护手段。

对 H5 应用的权限管理来说，一般情况下，融媒体应用对权限的要求相对较少，而信息系统对权限的要求比较多。通常，信息系统的权限管理应遵循以下原则。

（1）权限分离原则

权限分离原则是根据实际应用条件和需求将权限分成不同等级，这是最小特权原则的基础。

（2）最小特权原则

最小特权原则是指主体访问权限的最低限度，即仅执行授权活动中必需的那些权利。

（3）最少共享机制原则

最少共享机制原则是指避免因多个主体共享一个资源，而导致资源被其他无关人员通过相同机制获得不应获得的信息的原则。

2. 与安全防护有关的原则

安全防护不是仅依靠某一政策或某一设备就能实现的，应当是全方位、有层次、成体系的。安全防护涉及硬件、软件、数据、通信、管理等诸多方面的内容，在此仅就软件自身的防御体系加以说明。

（1）纵深防御原则

应当在信息系统中设置多重的安全防护措施，而不能仅仅依靠某一阻塞点[①]进行防护，特别要利用操作系统自身的安全防护形成纵深防御。

（2）木桶效应原则

保护信息系统中安全防护最薄弱的环节，防止攻击者从“短板”处找到突破口。

（3）攻击面[②]最小化原则

尽量减少信息系统暴露在外部的服务、功能、接口、协议等，以最大限度地降低别有用心者利用其对信息系统进行攻击的可能性。

此外，安全防护原则还包括经济机制原则、隐私保护原则、故障处理原则等，这里就不再逐一展开讲述。

3. 心理可承受程度原则

安全是把“双刃剑”。为了安全的有效性，开发者期望对用户的每一次操作都进行身份验证，而在 H5 应用的实际使用过程中，用户除了对认证有严密和隐秘的需求之外，还有操作便捷的需求。如果因烦琐的安全防护操作使资源获取变得困难，就会导致授权用户不再愿意使用该系统，或运维人员被迫停用一些安全防护措施，从而使 H5 应用失去一些安全防护功能。在 H5 应用开发过程中应平衡好用户心理承受程度和安全防护功能强弱程度之间的关系，这就是 H5 应用开发中应遵循的心理可承受程度原则。

4. 输入审核原则

H5 应用输入验证除了要保证业务功能的合理性，还要保证信息的安全。在 H5 应用与外界交互的防线中最为重要的就是检查 H5 应用所接收到的每一条数据，无论是用户输入的数据，还是程序间进行交换的数据，都必须通过严格的输入审查，以避免恶意数据的引入，或者将其控制，不让恶意数据发挥作用，从而保障 H5 应用的安全。

开发者在开发过程中应该对应用中预期的输入数据采取不信任（甚至可以认为所有要

---

① 阻塞点：信息安全中的阻塞点是网络系统对外连接的通道，是监控连接的控制点。

② 攻击面：软件环境中可能会被未授权用户（攻击者）输入或提取数据而受到攻击的点位。

输入的数据都是怀有恶意的）的态度进行安全开发工作，使开发出的系统能够做到有效地对数据输入进行严格的审查。有关这方面的内容，将在后文详加阐述，这里就不过多介绍了。

5. 输出过滤原则

在 H5 应用与外界交互的防线中，除了要重视 H5 应用所接收到的每一条数据，还要重视 H5 应用会反馈什么信息。因为在反馈的信息中往往会夹杂着与 H5 应用的操作系统、版本、所使用的语言、传输协议、数据库等重要信息，所以这些信息一旦被别有用心者利用，就会给 H5 应用带来严重的安全威胁。因此，对预期和非预期输出的信息进行过滤处理，防止重要信息外泄而导致系统安全受到威胁是安全设计的重要原则之一。

0.2.3 H5 安全开发中的代码调试与程序测试

在 H5 应用的开发过程中，不同开发阶段会采用不同的安全措施。即便如此，开发出来的 H5 应用还需要通过各种调试和测试来验证其是否安全。

1. 代码调试

代码调试是指在代码投入运行前，将编写的代码或者代码片段，通过手工或自动脚本、编译等方法对其进行调试，根据调试所发现的问题，进行深入的分析，找出问题的产生原因和具体位置后对其进行修正。这是保证代码正确性不可或缺的步骤之一，也是开发者必备的基本功之一。

2. 程序测试

程序测试分为程序代码测试、程序压力测试和程序安全测试等 3 种测试方式。

（1）程序代码测试

程序代码测试是发现产品内在错误和缺陷的主要手段，是产品开发周期内不可缺少的重要工作，是对一个完成了全部或部分功能模块的程序在交付前的检测，以确保其能够按预定的计划被正确执行。为了发现其中的错误，在进行程序代码测试时应竭力设计一些能够暴露出错误的测试用例。测试用例一般是由测试数据和预期结果构成的，好的测试用例是那些有可能发现不易被发现的错误的测试用例。

（2）程序压力测试

所谓程序压力测试就是给软件不断增加压力，使之在极限情况下运行。程序压力测试是对程序响应时间、并发用户数、吞吐量、资源（如内存、CPU 可用性、磁盘空间及网络带宽等）利用率等性能指标进行监测，在得出测试结果之后对测试结果进行分析，找到影响性能的“瓶颈”，并加以解决。

提示

程序压力测试应当在实际应用环境下进行，否则程序压力测试无法得到真实的反馈信息，从而无法有的放矢地对程序进行优化处理或结构调整。

（3）程序安全测试

程序安全测试主要包括程序、数据库的安全性测试。安全指标不同，测试策略就会有所不同。如对用户进行安全认证方面的测试时，测试方案需要考虑口令[①]安全策略，包括用户登录账户的口令的安全性（口令是否可见或是否可被复制），以及用户权限划分等问题。对数据库进行测试时，则需要考虑数据的机密性、完整性、独立性、可管理性，以及容灾与恢复能力等。由此可见，测试内容不同、测试指标不同，所采取的测试策略和测试技术也不尽相同。

3. 代码审计

代码审计以发现安全漏洞和不规范程序为目标，对源代码进行分析核查，通常是先分析出有问题的地方，然后找出有问题的代码。

在进行代码审计前，代码审计者要知道所有的代码，并了解代码中哪里是不会有问题的。代码审计者的主要精力放在对源代码的全面分析和有可能出现安全问题的地方，目的是发现有“bug”的代码、逻辑错误、安全漏洞，以及不规范的代码。

代码审计对象往往会被划分成不同的风险等级。代码审计的基本原则是先审计高风险对象，然后再审计低风险对象。代码审计对象的风险等级的划分不是一成不变的，会随着

① 口令：口令即通常所说的登录密码，它相当于一把钥匙，在网络中通常用于用户登录。严格意义上的密码是一种用来混淆信息的技术，通过这样的技术可以将正常的（可识别的）信息转变为无法轻易被识别的信息。

时间、环境的变化，以及开发的深入程度发生改变，可能会由高变低，也可能会由低变高。

对代码审计来说，尽早地、逐步地进行代码审计，比软件交付后再开始代码审计更为合理。开发者可以采用“自己对自己开发的系统进行攻击”的方式对自己开发的程序（或编写的代码）进行审计，或采用一些辅助工具对程序（或编写的代码）进行审计。

专业的代码审计服务通常会从以下 3 个层次进行。

（1）基础代码审计服务

基础代码审计服务利用源代码安全审计检测工具和人工检测，扫描和分析已有的代码，对导致安全漏洞出现的错误代码进行定位和验证，并提供补救建议。

基础代码审计服务适用于以 C、C++、C#、Java、VB、VB.NET、ABAP 等语言开发的应用，以及以 Ruby、PHP、AJAX 和 Perl 等 Web 技术编写的应用。

（2）中级代码审计服务

中级代码审计服务在基础代码审计服务的基础上，为用户提供以下服务：

❶ 针对所发现的代码安全漏洞做进一步分析；

❷ 结合技术和业务特性，给出安全漏洞等级评估建议。

（3）高级代码审计服务

高级代码审计服务在基础代码审计服务和中级代码审计服务的基础上，进一步为用户提供以下服务：

❶ 针对等级较高的安全漏洞进行技术分析；

❷ 指导用户完成漏洞修复；

❸ 对漏洞修复结果进行再次扫描确认；

❹ 定制安全编程培训服务。

4. 等级保护

等级保护是为促进信息安全，从管理与技术两个方面开展的信息安全保护工作。目前已经进入了等级保护 2.0 阶段。我国法律法规中明确规定：所有的信息系统都要进行等级保护的定级备案，并进行相应级别的测评工作。因此，在 H5 应用的开发过程中，开发者应按照等级保护 2.0 中关于访问控制、身份鉴别、入侵防范、恶意代码防范等相关技术的安全要求对所开发的 H5 应用进行安全防护。

0.2.4 H5 代码编写规范

开发者应当遵守良好的代码编写规范。虽然代码编写是否规范与代码最终运行的结果没有必然联系，但在代码开发过程中，良好的编写规范对提高代码阅读效率，有效发现代码中存在的错误和安全问题是很有帮助的。代码编写最基本的原则是保持代码的一致性，即无论使用哪种风格编写代码，都应确保风格始终如一。通用的代码编写规范如下。

1. 缩进排版

缩进排版是指代码编写过程中，无论是编写 HTML 代码、JavaScript 代码，还是 CSS 代码，每一级嵌套都有一个制表符用于缩进。缩进排版能使整个代码的层次、嵌套关系清晰明了，能有效避免代码嵌套关系出错。

从图 0-4 与图 0-5 所示的代码可以看出：图 0-4 所示的代码编写相对规范，排版清晰明了，代码的可读性更强；而图 0-5 所示的代码前后风格不一致，且第 59~63 行代码编写不规范，让人无法快速判断出标签的嵌套关系，导致代码的可读性较差。

```
29        <script>
30            nullimg = 'images/null.gif';//加载无图
31            serarchurl="other/search.html?t="//搜索跳转路径
32        </script>
33        <!--[if lt IE 9]>
34        <script src="js/common/respond.src.js"></script>
35        <script src="js/common/html5.js"></script>
36        <![endif]-->
37
38        <!--页面内容部调用-->
39
40
41        <!--banner切换-->
42        <link href="js/swiper2/swiper2.css?id=003" rel="stylesheet" />
43        <script src="js/swiper2/swiper2.js?id=003"></script>
44        <script src="js/swiper2/swiper_list.js?id=003"></script>
45        <!--查看相册-->
46        <link href="js/photoswipe/default-skin.css?id=003" rel="stylesheet" />
47        <script src="js/photoswipe/photoswipe-ui-default.min.js?id=003"></script>
48        <link href="js/photoswipe/photoswipe.css?id=003" rel="stylesheet" />
49        <script src="js/photoswipe/photoswipe.min.js?id=003"></script>
```

图 0–4　某网站首页的部分代码 1

图 0-5　某系统首页的部分代码 2

为保证代码的可读性，建议使用专业编辑器编写代码，因为专业编辑器可以自动完成代码的排版工作。如图 0-6 所示，专业的编辑器可以自动缩进代码，同时将代码中的关键字、变量、注释等都用不同颜色进行区分，使开发者可以快速阅读代码，并且更易于发现代码中的编写错误。另外，建议尽量不使用默认的制表符设置，将制表符的宽度设置为 2 或 4，也不建议混合使用制表符与空格符两种方式进行缩进排版。

```
1  <!DOCTYPE html>
2  <html>
3      <head>
4          <meta charset = "utf-8" />
5          <title>login</title>
6      </head>
7      <body>
8          <form action = "" method = "get">
9              <input type = "text" name = "uid" placeholder = "username" /><br />
10             <input type = "password" name = "pwd" placeholder = "password"
autocomplete = "off" /><br />
11             <input type = "submit" />
12         </form>
13     </body>
14 </html>
```

图 0-6　专业编辑器的代码排版效果

2. 区分字母的大小写

字母的大小写对使用 C、C++、C#、Java、JavaScript 等语言编写的代码来说非常重要，在这些代码中，相同的字符串，字母的大小写不同，其所代表的含义是不同的。虽然 HTML 和 CSS 不受代码字母大小写的限制，但仍推荐对 HTML 中的元素、属性名称，以及 CSS 中的选择器、属性名称均采用小写字母。如 username 和 Username 在 HTML 和 CSS 中被认为是相同的变量名，但在 JavaScript 中代表的则是两个不同的变量名。

3. 变量与文件的命名

不论是 HTML 还是 JavaScript，对变量而言，注意变量的命名方法，可以提高代码的可读性。常见的变量命名方法有匈牙利命名法、骆驼命名法及帕斯卡命名法等多种命名方法。

对文件名而言，建议命名时，对其中的英文部分全部采用小写字母；文件名可以使用连字符“-”或者下划线“_”等符号，如“c-101.html”“my_order”；尽量避免使用特殊字符，特别是有特定含义的非字母字符，如“!”“@”“%”等。

此外，不建议以软件版本号作为文件名。如在 `<script src="js/jquery/jquery-1.9.1.min.js"></ script>` 中，jquery-1.9.1.min.js 文件名含有软件的版本信息。这种命名方式的优点在于通过文件名就可直接获知软件的版本，缺点在于攻击者可以轻而易举地获得文件的版本信息，因此不建议使用。建议采取这样的命名方式：

`<script type="text/javascript" src="//www.xxx.xx/js/global/jQuery_latest.min.js"> </script>`。其中，文件名 jQuery_latest.min.js 不包含明确的软件版本信息。虽然这样的命名方式会提高文件版本的控制成本，但也提高了攻击者的攻击成本，有助于信息安全防护。

对于上述编写规范，在实际工作中，开发者还需根据实际情况酌情处理。上述建议，仅供开发者参考。

第 1 篇

献给雅典娜的木马
——前端安全防护

希腊神话“特洛伊战争”中那只“献给雅典娜的木马”，对特洛伊人而言，是导致城毁人亡的“输入性错误”——隐藏在木马肚子中的希腊士兵半夜打开城门，与城外的希腊军队里应外合，将久攻不破的特洛伊城攻破。

同样地，H5 应用的前端防护也必须重视对输入信息的严格审核，避免系统被别有用心者从前端“攻陷”。就当今信息的重要性而言，信息泄露的后果很有可能堪比“特洛伊灾难”。

第 1 章

H5 输入安全

在前端页面中，用户的信息输入是否安全对整个 H5 应用的安全有很大的影响。在 H5 应用中，如果没有对用户输入的信息进行安全防护，H5 应用就会像特洛伊城一样被别有用心者“攻陷”。特洛伊人如果对木马进行必要的检查，就会发现藏在木马中的希腊士兵，从而避免惨剧的发生。

本章主要介绍如何对 H5 前端页面内用户的信息输入进行安全验证，帮助读者了解关于信息输入的安全防护手段，并能够将其应用到程序开发中。本章主要内容如图 1-1 所示。

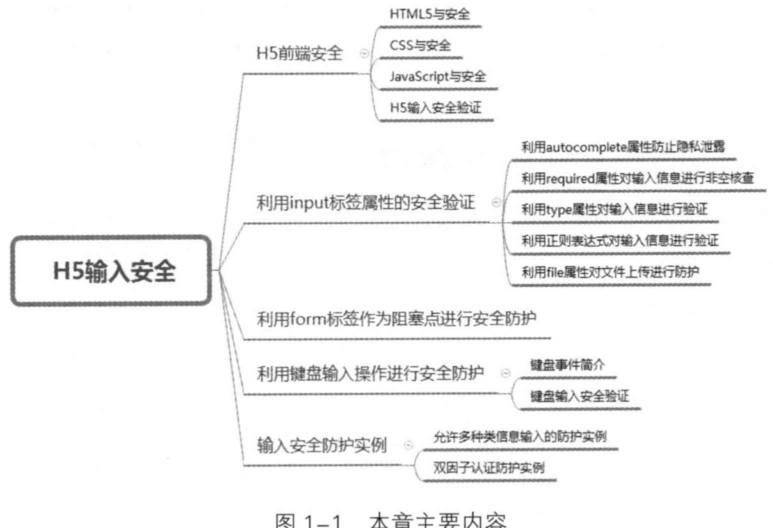

图 1-1　本章主要内容

1.1 H5 前端安全

H5 前端的主要支撑技术是 HTML5、CSS 及 JavaScript，因此对 H5 前端安全漏洞的防范也主要是针对 HTML5、CSS 及 JavaScript 展开的。

1.1.1 HTML5 与安全

HTML5 是在 HTML 4 的基础上"进化"而来的，虽然 HTML5 的发展经历了不少曲折，但对整个行业和应用开发者来说，它代表了未来几年所能够依赖的技术。无论是移动电话、游戏控制台、汽车仪表板，还是物联网设备等都用得上 HTML5，因此其应用是非常广泛的。

作为 H5 应用框架的重要组成部分，HTML5 在 H5 应用框架中的作用主要体现在网页的结构（Structure）上，其决定了前端网页的结构和内容。HTML5 常见的安全问题主要包括以下两个方面。

1. 浏览器对 HTML5 的支持所产生的安全问题

浏览器对 HTML5 的支持不是绝对安全的。如 2013 年 3 月，一位开发者就发现了 HTML5 的一个漏洞。这个漏洞是浏览器允许网站利用垃圾数据对客户端展开"轰炸"，甚至可在短时间内将硬盘塞满。当时 Safari、Chrome、IE 等多款主流浏览器均受到了此漏洞的影响。

2. HTML5 设计开发中产生的安全问题

HTML5 的代码虽然简单，但是在设计过程中如果存在设计缺陷或者未考虑适用的环境就会引发安全问题。

（1）存在设计缺陷

HTML5 在安全方面的设计缺陷主要是指开发者在开发的过程中没有对相关的安全问题加以考虑或考虑不周，而引发安全问题。如果在设计过程中开发者没有考虑到对用户输入的信息进行特殊字符限制，或者没有对用户的输入信息进行转义处理，就可能产生易被 XSS 攻击的安全漏洞。

（2）未考虑适用的环境

在HTML5开发中应该考虑应用的适配环境——PC、平板电脑、手机等设备，如要考虑用户在不同设备所使用浏览器的默认设置等。用户在登录系统时经常会被问及是否要保存用户名、登录密码等信息，这其实是源自浏览器的表单自动填充功能：当用户点击“提交”按钮时，浏览器会捕捉并记录用户所填的信息，当用户再次浏览该网页时，浏览器就会自动为用户填充相应信息。此功能还可为用户记录下曾经查询过的关键词，使用户无须重新输入关键词就能直接进行之前做过的查询操作。这个功能很人性化，在网络中用各种搜索引擎进行电商物品查询时非常实用。但如果将此功能应用到用户的用户名、登录密码这些涉及用户账户安全的信息中，就会产生安全问题。如用户A在登录时将自己的用户名、登录密码保存到了浏览器中，那么稍后使用同一台计算机、同一个浏览器的用户B就可能在不知道用户A的登录密码的情况下，利用该浏览器的表单自动填充功能登录用户A的账户，从而出现非授权登录的安全隐患。

1.1.2　CSS与安全

层叠样式表（Cascading Style Sheets，CSS）是一种用来表现HTML或XML等文件的样式，是在HTML标准之外创造出的样式（Style），用来解决不同浏览器之间页面展示效果的问题。作为H5应用框架的重要组成部分，CSS决定了网页的表现样式，解决了网页“是什么样子”的问题。

在很多开发者的认知中，CSS就是设置样式的，所以对CSS没有过多安全方面的考虑。实际上，CSS不仅可以静态地修饰网页，还可以结合脚本代码对网页元素进行修饰。从本质上看，CSS在应用开发中的作用更接近于脚本，而且同脚本一样，其适用范围也覆盖了整个页面。目前，CSS的功能有删除、添加、修改页面信息，根据页面信息发起请求，响应多种用户交互等。虽然上述功能原则上不会引起安全漏洞，但不能因此就忽视有些CSS代码已经具有的修改本地存储和运行挖矿程序[①]等功能。

① 挖矿程序：指一种利用电脑硬件计算并获取比特币位置的可执行代码。

1. CSS 并不安全

到目前为止，由于 CSS 危及安全的例子还不是很多，但由 CSS 引发的安全漏洞通常比较隐蔽。如曾经在 Chrome、Firefox 等浏览器中出现过一个旁路攻击[①]的 CSS 漏洞，它能够对跨来源框架的视觉内容进行泄露。出现这个漏洞的原因是 2016 年 CSS3 Web 标准中引入了名为“mix-blend-mode”的特性，它允许 Web 开发者将 Web 组件叠加在一起，并添加了控制混合效果。当用户访问存在该 CSS 漏洞的网站时，就会被别有用心者通过跨域 iframe 获取用户的信息，如用户名、照片等信息。别有用心者获取用户信息的整个过程无须与用户进行额外的互动。

还有一些 CSS 安全问题正在（有可能）形成，图 1-2 所示的是 GitHub 上的关于 CSS Keylogger 的介绍。这个插件可利用 CSS 属性收集器，在加载网页背景图像的时候，从外部服务器请求资源。把 CSS Keylogger 这个插件安装到 Chrome 浏览器上后，当用户打开一个使用了控制组件框架网站的网页时，点击浏览器窗口右上角的“C”图标，输入口令，Express 服务器将会捕捉到用户所输入的口令。

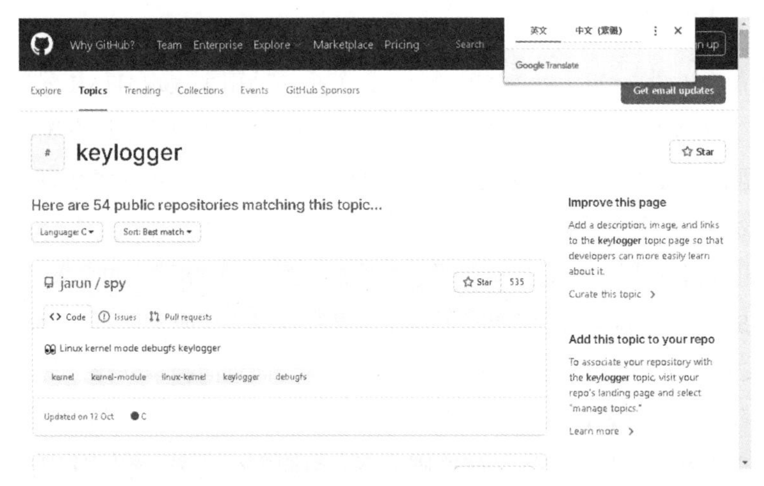

图 1-2　CSS Keylogger 在 GitHub 的说明

---

① 旁路攻击：指利用加密算法和加密设备的操作环境的特性对密码系统进行攻击，其主要对加密协议执行时的各种物理信息的泄露进行分析。

从公开的资料看，CSS Keylogger 目前只是以浏览器插件的形式存在，需要人工安装，其行为还处于用户控制之下。CSS Keylogger 的出现引起了巨大反响，有人建议浏览器厂商修复漏洞，有人对其进行研究，但这都回避不了一个问题，即 CSS 正在变得不安全。

2. 如何防范 CSS 的安全问题

对于 CSS 的安全问题，目前还没有相对成熟的防范方法，但在 CSS 引用时可以从技术方面加以防范。

（1）特别注意外部资源的请求

要仔细查看那些用于请求外部资源的代码，认真查看其请求的资源是否是安全的。特别要查看那些外部统一资源定位符（Uniform Resource Locator，URL）的请求，因为这些外部 URL 所指向的资源具有不确定性。CSS 文件中引用的外部资源一旦被第三方删除，就会使当前页面的实现效果达不到预期需求；或者因 CSS 文件所引用的外部资源被替换，使得与 CSS Keylogger 类似的插件在用户毫无察觉的情况下被引入，从而出现安全问题。

（2）外部资源的本地化

为解决请求的外部资源不确定的问题，务必将 CSS 文件中请求的外部资源下载到本地服务器后再使用，而不是简单地直接指向第三方链接。不只是 CSS 文件，但凡涉及外部资源且不可控的 JavaScript 文件、图片文件都应当如此处理。

（3）规避不能本地化的外部资源

有些资源是难以避免外部请求的，如 Google 的 font 资源。如果要使安全保障得更好一些，最好尽量避免引入这些资源。没有 Google 的 font 资源，其结果仅仅是网页字体的显示效果差一些而已。

（4）慎重对待第三方 CSS 代码

开发者经常会使用第三方生成的 CSS 代码。这些第三方代码在投入使用之前，开发者应认真阅读其中的每一行代码，尽管因排版等原因使得代码的可阅读性可能很差。

（5）特别注意脚本的应用

要仔细查看源代码中那些包含脚本代码的部分，认真分析其所运行的脚本是否安全。

（6）精简代码

如有时间、精力，尽量删减 CSS 中不被引用的代码和内部注释信息。

1.1.3 JavaScript 与安全

JavaScript 与 Java 从字面上看很有渊源，但实际上，Java 是 Sun 公司的编程语言，而 JavaScript 是 Netscape 公司和 Sun 公司联合推出的。从运行方式、定位及数据类型等方面来看，JavaScript 和 Java 是两种完全不同的语言。JavaScript 作为一种网络脚本语言，已经被广泛应用于 H5 应用的开发，解决了“做什么”的问题。

1. JavaScript 的安全问题

JavaScript 解决的是“做什么”的问题，因此 JavaScript 代码若出现安全问题，其危害性远比在 HTML 和 CSS 中所出现的安全问题大。JavaScript 的安全问题主要体现在以下两个方面。

（1）JavaScript 代码泄露问题

由于 JavaScript 代码可以被下载、解读，因此很容易被别有用心者加以利用，其在编写中经常会出现安全问题。

为防止 JavaScript 代码被别有用心者解读，使用代码混淆的方法对代码进行处理是目前比较好的解决办法之一。通过代码混淆，JavaScript 代码如同被加密一样变得难以读懂，这就增加了解读代码的难度。严格来说，代码混淆只是让代码的可读性变差，起不到防止代码被下载、解读的作用，因此建议在对 JavaScript 代码进行混淆的同时，应将其中涉及敏感信息的代码放到服务器中运行。

扩展阅读

代码混淆是一种以别人看不懂为目的的技术手段。实际上，不仅 JavaScript 代码需要进行代码混淆，HTML 代码和 CSS 代码同样需要进行代码混淆。需要指出的是，代码混淆无法从根本上解决安全问题，只是提高了代码解读的成本。此外，代码混淆会增加程序运行的开销，降低应用的运行效率。

（2）开发中的安全问题

JavaScript 代码在开发设计中如果存在不严谨的地方，也会导致安全问题。JavaScript 常见的安全问题包括前文提及的 XSS 攻击、CSRF 攻击，还包括 URL 重定向、客户端 JavaScript cookies 引用及 JavaScript 劫持等。

在开发过程中，由于需要考虑跨浏览器兼容问题，以及如何满足 AJAX 更好的特性需求等，很多开发者在使用 JavaScript 开发时都会引入第三方的 JavaScript 代码库。这些被引入的代码库的成熟度一般较高，存在的安全漏洞相对较少，引入这些代码库也避免了开发者编写同样功能的代码时可能引入的安全问题。不可否认，由于这些代码库进行了代码压缩，致使代码的可读性较差，人工阅读、审核代码变得极为困难，使一些安全问题难以发现。因此在实际工作中，通常采用的方法是使用 JavaScript 自动检测工具进行检测，并通过人工进行核验和修复。

2. JavaScript 在安全中的作用

JavaScript 在 H5 的框架中主要负责控制网页的行为，如用于生成动态 HTML 页面，对浏览器事件做出响应，读 / 写 HTML 标签，识别客户端浏览器信息，在信息被提交到服务器前进行验证，对 cookies 进行创建、修改等操作，以及基于 Node.js 技术编程等。因此，考虑到安全防护、设计完善的 JavaScript 代码会对 H5 应用的安全防护起着重要的作用。

对前端防护而言，JavaScript 代码可以对用户输入的信息实现有效核查，以确保输入信息的有效性、合规性。下面以代码 1-1 为例，介绍在用户登录页面中如何实现用户输入信息的验证，以确保用户输入的信息不能为空。

代码 1-1

```
1 <!DOCTYPE html>
2 <html>
3     <head>
4         <meta charset="utf-8" />
5         <title>login</title>
6         <style>
7             .wrap{
```

```
8                   text-align: center;
9               }
10          </style>
11      </head>
12      <body>
13          <div class="wrap">
14              <div style="display: inline">
15                  <form id ="form1" action="" method="get">
16                      <input type="text" name="uid"
17 placeholder="username" autocomplete="off" /><br />
18                      <input type="password" name="pwd"
19 placeholder="Password" autocomplete="off" /><br />
20                      <input type="submit" />
21                  </form>
22              </div>
23          </div>
24          <script type="text/javascript">
25              (function() {
26                  var form=document.getElementById('form1');
27                      uid=document.getElementById('uid');
28                      pwd=document.getElementById('pwd');
29                  form.onsubmit=function () {
30                      if(form.uid==null || form.uid.value=="") {
31                          alert('Please input Username');// 判断是否为空
32                          return false;
33                      }
34                      if(form.pwd==null || form.pwd.value=="") {
35                          alert('Please input Password'); // 判断是否为空
36                          return false;
37                      }
38                  }
39              })();
40          </script>
41      </body>
42 </html>
```

代码 1-1 的第 24~40 行是嵌入 HTML 文件的 JavaScript 代码，该代码实现的主要功能是判断所输入的用户名（Username）与密码（Password）是否为空。其实现机制为：当用户点击“submit”后，在用户输入的信息提交给服务器前判断信息是否为空。

在代码 1-1 中，document.getElementById（ID）语句的功能：获得网页中相应的 ID 信息后，通过字符串比较得到是否为空的判断结果，并进行相应的处理或反馈。如在用户名信息为空的情况下直接点击“submit”时，该用户登录页面就会弹出“Please input Username”（请输入用户名）的提示，如图 1-3 所示。

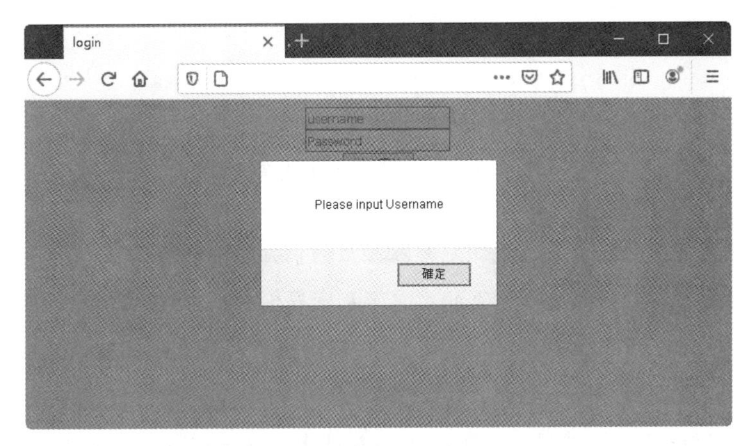

图 1-3 请输入用户名的提示

此外，除了使用 JavaScript 代码来确保非空输入以外，在实际开发中其实还有很多非常好的解决方法，这里不赘述。

3. 调试工具的应用

由于 JavaScript 在报错这方面做得不是很好，因此在编写 Web 页面代码的时候，熟练使用调试工具，对页面的修改有很大的帮助。比较好用的调试工具有 Firefox 浏览器中的 Firebug。下面以代码 1-1 的调试为例，介绍 Firefox 浏览器中的调试器和控制台的应用。

❶ 启用浏览器，访问代码 1-1 编写的网页后，按快捷键 F12，或通过“菜单”中的“Web 开发者中的调试器”，打开图 1-4 所示的调试器。

❷ 浏览器的底部出现 3 个分栏，在左侧栏的“来源”中选择当前的页面，中间栏就会出现当前页面的源代码及相对应的行号。

❸ 双击图 1-4 所示中间栏的 `if(form.uid==null || form.uid.value=="")` 对应的行号 28，在右侧栏的断点处会自动增加该行作为调试的断点。

图 1-4 Firefox 浏览器的调试器

❹ 如果希望监视变量或者表达式，则可在相应的位置添加相应的监视内容。

❺ 设置完毕后，在打开的这个网页的用户名和密码输入框中输入相应的信息，点击“提交查询”按钮，浏览器在运行 JavaScript 代码时会自动停在断点处让开发者进行观察、调试，直至问题解决。

此外，开发者可以通过控制台，直接对变量或者表达式进行查询验证，如图 1-5 所示。

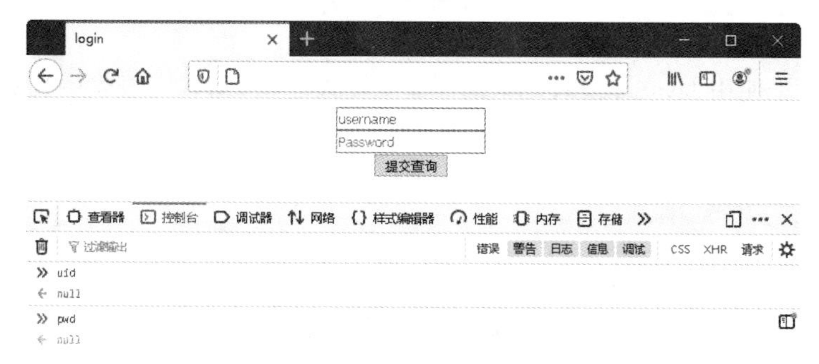

图 1-5 使用控制台进行代码调试

思考与提示

本书中非特意提到的浏览器均默认为 Firefox 浏览器。调试器是 Firefox 浏览器中 Web 开发者中的工具（Chrome 浏览器中也有功能与之类似的调试器，打开其调试器的快捷键也是 F12，读者可以根据需求进行选择）。需要说明的是，本书除了介绍浏览器的 Web 开发者之外，还会介绍一些其他的调试工具。

1.1.4　H5 输入安全验证

在对漏洞进行分析后发现，大多数漏洞产生的原因在于 H5 应用中没有对输入的信息，特别是没有对用户输入的信息进行安全检查与验证。当这些信息作为参数被直接提交给系统后，就有可能产生安全问题。因此，在进行前端开发时，对信息进行验证将会有效减少诸如 XSS、SQL 注入等安全漏洞的产生。

对于输入信息，通常采取两种方式进行安全验证，即黑名单验证和白名单验证。

（1）黑名单验证

开发者先建立一个黑名单列表，如单引号、双引号、反斜线等字符作为非法输入字符，将这些字符放入一个名单列表中，完成黑名单列表的制作。接着进行黑名单验证，将输入的信息与黑名单中的信息进行对比，通过对比结果来判断输入的信息是否安全。

（2）白名单验证

白名单的概念与“黑名单”相对应，白名单中存放的是被允许执行的规则等信息。当用户输入的信息符合白名单的规则时，就会被允许通过。在用户输入的信息不可预知，但输入的信息又符合规则的情况下，往往采用白名单验证。

在开发过程中，通常会采取以白名单验证为主，结合黑名单验证的方式进行安全验证。

在 H5 前端利用白名单、黑名单进行的安全验证，其主要实现路径如下：

❶ 利用 input 标签的各种属性进行安全验证；

❷ 利用 form 标签作为阻塞点进行安全验证；

❸ 利用用户键盘输入操作进行安全验证。

1.2　利用 input 标签属性的安全验证

input 标签是 HTML5 的重要标签之一，主要用于信息的录入。由于 H5 应用的使用者（普通用户和别有用心者）的使用目的未知，使用者的操作熟练程度未知、使用者录入的信息不可知，因此，如果没有针对 input 标签的安全验证，就非常容易造成 XSS 漏洞、SQL 注入漏洞、文件上传漏洞等安全问题。通常情况下，可通过 JavaScript 对 input 标签进行安全验证，或通过 input 标签的自身属性进行安全验证。在这两种方法中，通过 input 标签自带的属性进行安全验证更为简单和安全。因此，熟练掌握和巧妙应用 input 标签所具有的属性对用户输入信息的验证工作有着较大的帮助。input 标签有很多常用属性，如表 1-1 所示。

表 1-1 input 标签常用属性

属　性	描　述	备　注
accept	规定通过文件上传来提交的文件的类型	
align	规定图像输入的对齐方式	已不推荐使用
alt	定义图像输入的替代文本	
autocomplete	规定是否使用输入字段的自动填充功能	HMTL5 新增
autofocus	规定输入字段在页面加载时是否获得焦点	HMTL5 新增
checked	规定此 input 标签首次加载时应当被选中	
disabled	当 input 标签加载时禁用此元素	
form	规定输入字段所属的一个或多个表单	HMTL5 新增
formaction	覆盖表单的 action 属性	HMTL5 新增
formenctype	覆盖表单的 enctype 属性	HMTL5 新增
formmethod	覆盖表单的 method 属性	HMTL5 新增
formnovalidate	覆盖表单的 novalidate 属性	HMTL5 新增
formtarget	覆盖表单的 target 属性	HMTL5 新增
height	定义 input 标签的高度	HMTL5 新增
list	引用包含输入字段的预定义选项的 datalist	HMTL5 新增
max	规定输入字段的最大值	HMTL5 新增
maxlength	规定输入字段中字符的最大长度	
min	规定输入字段的最小值	HMTL5 新增
multiple	如果使用该属性，则允许有多个值	HMTL5 新增
name	定义 input 标签的名称	
pattern	规定输入字段的值的模式或格式	HMTL5 新增

续表

属　性	描　述	备　注
placeholder	规定帮助用户填写输入字段的提示	HMTL5 新增
readonly	规定输入字段为只读	
required	指示输入字段的值是必须输入的	HMTL5 新增
size	定义输入字段的宽度	
src	定义以提交按钮形式显示图像的 URL	
step	规定输入字段的合法数字间隔	HMTL5 新增
type	规定 input 标签的类型	
value	规定 input 标签的值	
width	定义 input 标签的宽度	HMTL5 新增

1.2.1　利用 autocomplete 属性防止隐私泄露

在 1.1.1 小节中，就浏览器的表单自动填充功能进行过分析，指出了其中可能存在的问题。解决这个安全问题的方法有两种。

1. 手动关闭浏览器的自动填充功能

访问时，手动关闭浏览器的自动填充功能后，所有用户信息都不能进行自动填充，因而这种方法在有效避免口令自动填充的安全隐患的同时，也给用户带来不能自动填充信息的不便。

2. 通过程序提示浏览器关闭自动填充功能

在网页中通过代码主动向浏览器声明某些需要保密的表单不要被记录，这就可以保证用户享受自动填充便利的同时，也解决了用户隐私的安全问题。

在保证了诸如口令等用户隐私信息不被自动填充的前提下，第 2 种方法显然更为人性化、更合理，且亦具有良好的可操作性。实现该功能最简单的一种方法就是利用 input 标签中，HTML5 标准下新增的 autocomplete 属性，如代码 1-2 所示。

代码 1-2

```
1  <!DOCTYPE html>
2  <html>
3      <head>
4          <meta charset="utf-8" />
5          <title>login</title>
6      </head>
7      <body>
8          <form action="" method="get">
9              <input type="text" name="uid" placeholder="username"/><br/>
10             <input type="password" name="pwd" placeholder="password"
11 autocomplete="off" /><br /><!—禁止表单自动填充 -->
12             <input type="submit" />
13         </form>
14     </body>
15 </html>
```

在代码 1-2 中，涉及用户输入的部分为第 9~11 行：

```
<input type="text" name="uid" placeholder="username" />
<input type="password" name="pwd" placeholder="password"
autocomplete="off" />
```

它们的差别在于 name 为“pwd”的 input 标签使用了 autocomplete 属性，且取值为“off”，即声明不允许浏览器对此标签使用表单自动填充功能，以保证该标签中的历史信息不会被浏览器所记录。name 为“uid”的 input 标签则没有类似的声明，即输入过的信息会被浏览器记录下来。如图 1-6 所示，“a.com”和“b.com”都是在浏览器中输入过的用户名信息，则这些信息会被当作该网页 input 标签的信息显示出来。

正确设置 autocomplete 属性可以将安全风险降低到可接受的程度。在这里需要说明的是，在使用 input 标签时，对于口令、身份证号、银行卡号，以及用户名、电话这些涉及个人隐私和财产安全的信息，应当将 autocomplete 取值为“off ”，对其他信息的 input 标签而言，将 autocomplete 取值为“on”，即表示允许浏览器使用自动填充功能，这会便于用户使用。

图 1-6 表单自动填充功能的效果

思考与提示

图 1-7 所示为某运维审计系统的用户基本信息输入界面（系统本身是基于 HTML 4 标准开发的）。其页面上需要进行各种信息的输入，如果使用 HTML5 标准进行代码编写，每个 input 标签的 autocomplete 将如何进行设置？读者可以尝试编写 input 标签的相关代码。

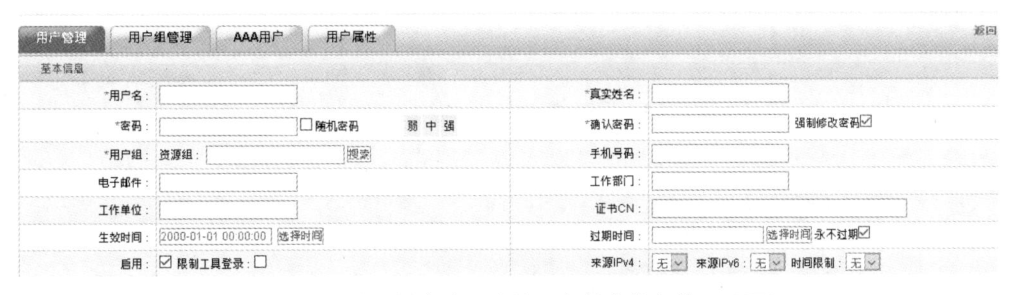

图 1-7 某运维审计系统的用户基本信息输入界面

1.2.2 利用 required 属性对输入信息进行非空核查

当用户进行信息提交的时候，如果不对用户输入的信息是否为空进行判断，在信息处理时可能会造成 H5 应用崩溃或信息泄露等。

input 标签的 required 属性主要用于判断页面中当前 input 标签是否有输入信息。当 required 的值为“required”时，如果 input 标签中的信息为空，浏览器则自动向用户发出输入信息的提示。代码 1-3 就是实现这一功能的示例，其效果如图 1-8 所示，浏览器向用户发出了“请填写此字段”的提示。

图 1-8　需要输入用户名的信息提示

代码 1-3

```
1  <!DOCTYPE html>
2  <html>
3      <head>
4          <meta charset="utf-8"/>
5          <title>login</title>
6          <style>
7              .wrap{
8              text-align: center;
9              }
10         </style>
11     </head>
12     <body>
13         <div class="wrap">
14             <form action="" method="get">
15                 <input type="text" name="uid" placeholder="usernam
16 e" autocomplete="off" required="required"/><br/><!—输入非空判断 -->
17                 <input type="password" name="pwd" placeholder="
18 Password" autocomplete="off" required=" required" /><br /><!—输入非空判断-->
19                 <input type="submit" />
20             </form>
21         </div>
22     </body>
23 </html>
```

在代码 1-3 中，判断输入的信息是否为空值的功能是由第 15~18 行代码通过 required 属性的设置来实现的，对比同样功能的 JavaScript 代码（见代码 1-1 中的第

24~40行）可以发现，在确保实现相同效果的情况下，应用HTML5的input标签属性能够有效减少代码数量，同时也间接地避免了应用JavaScript代码可能引入的安全隐患。

需要开发者注意的是，由于目前各浏览器对HTML5的支持并不统一，request属性没有被所有浏览器支持，如IE 8。如果有IE 8应用的场景，就必须采用JavaScript进行编写。这在使用其他HTML5新标签和标签的新属性时也应当加以考虑。有关浏览器兼容的问题，会在2.3.2小节中进行介绍。

1.2.3　利用type属性对输入信息进行验证

input标签中type属性的主要作用是设置input标签的输入类型。HTML5为type属性增加了一些新的属性值，新增的属性值主要用于判断输入的邮件、URL之类的单一属性数据的格式是否正确，因此熟练掌握这些属性值并加以运用，对提高代码效率、增强安全性是十分必要的。Input标签type属性值如表1-2所示。

表1-2　input标签type属性值

属性值	描述	备注
button	定义可点击的按钮	
checkbox	定义复选框	
color	定义拾色器	HTML5新增
date	定义date控件	HTML5新增
datetime	定义date和time控件	HTML5新增
datetime-local	定义不带时区的date和time控件	HTML5新增
email	定义用于电子邮件地址的字段	
file	定义文件选择字段和“浏览…”按钮供文件上传	
hidden	定义隐藏输入字段	
image	定义图像作为提交按钮	
month	定义不带时区的month和year控件	HTML5新增

续表

属性值	描述	备注
number	定义用于输入数字的字段	HTML5 新增
password	定义口令字段	
radio	定义单选按钮	
range	定义用于精确值不重要的输入数字的控件	HTML5 新增
reset	定义重置按钮	
search	定义用于输入搜索字符串的文本字段	HTML5 新增
submit	定义提交按钮	
tel	定义用于输入电话号码的字段	
text	默认。定义一个单行的文本字段	
time	定义用于输入不带时区的时间控件	HTML5 新增
url	定义用于输入 URL 的字段	
week	定义不带时区的 week 和 year 控件	HTML5 新增

很多 H5 应用会将邮箱地址作为用户名，因此在用户登录应用时就必须对邮箱地址进行验证，这一功能可以通过 input 标签的 type 属性来实现。代码 1-4 所示为通过设置 input 标签的 type 属性值为“email”，对用作用户名的邮箱地址进行格式验证。

代码 1–4

```
1  <!DOCTYPE html>
2  <html>
3      <head>
4          <meta charset="utf-8" />
5          <title>login</title>
6          <style>
7              .wrap{
8                  text-align: center;
9              }
10         </style>
11     </head>
12     <body>
13         <div class="wrap">
```

```
14              <form action="" method="get">
15                  <input type="email" name="uid"
16 placeholder="username" autocomplete="off" /><br /><!—邮箱地址的合规判
17 断 -->
18                  <input type="password" name="pwd"
19 placeholder="Password" autocomplete="off" /><br />
20                  <input type="submit" />
21              </form>
22          </div>
23      </body>
24 </html>
```

在代码1-4中，第15~17行代码的功能就是利用属性值为“email”的type属性对input标签中的用户名进行验证。通过“email”这个type属性值进行白名单验证，能够有效判断邮箱地址的格式是否正确。如图1-9所示，当输入“a.com”后，浏览器通过对邮箱地址的格式进行检查，向用户发出“请输入电子邮件地址。”的提示。

此外，该属性值还可以利用黑名单，对有可能引起XSS注入的字符发出“请输入电子邮件地址。”的提示，防止XSS注入的发生。

图1-9 用户登录页面

思考与提示

input标签的type属性虽然有一定的安全验证功能，但仅凭type属性进行验证，容易造成误判或疏漏。如针对type属性值为“email”的input标签，虽然输入“a.com”“@com”“<a@com”“a@com&”都会被视为非法邮箱地址，但如果输入“a@com”就可以通过验证。这也是很多开发者仍倾向于使用JavaScript进行验证的原因。

1.2.4 利用正则表达式对输入信息进行验证

一般利用 type 属性值对输入信息进行验证，但由于 type 属性值无法对各种类型的输入信息进行验证，因此需要利用正则表达式对可以被规范化的输入信息进行验证。

正则表达式是用于描述搜索模式的特殊文本字符串，正则表达式可以被视为某种通配符，正则表达式常被用来验证、检索、替换一些符合某个模式（通配规则）的文本。如 ^(13[0-9]|14[5|7]|15[0|1|2|3|5|6|7|8|9]|18[0|1|2|3|5|6|7|8|9])\d{8}$ 就是正则表达式。在正则表达式中，包含下面两种字符。

1. 普通字符

在正则表达式中，仅能够描述自身的字符被称为普通字符，如所有的字母和数字。换言之，普通字符只能够匹配字符串中与其相同的字符。

2. 特殊字符

在正则表达式中，有些字符被规定不按照字符自身的值进行匹配，而具有特殊的语义。如“.”被规定可以匹配任意的单个字符，而不是仅仅匹配“.”。这些字符被称为特殊字符，也称元字符。

特殊字符使正则表达式具有了验证、检索、替换的功能。正则表达式中常用的特殊字符如表 1-3 所示。

表 1-3 正则表达式中常用的特殊字符

特殊字符	含义
.	匹配单个字符
\	转义字符
[]	字符合集，匹配方括号中一个字符范围
()	匹配圆括号中全部字符
		匹配	符号前后两项中的一项，或的关系

续表

特殊字符	含义
^	匹配字符串的开始位置
$	匹配字符串的结束位置
\d	匹配一个数字
\D	匹配一个非数字
\s	匹配任何空白字符，如空格符、制表符、换页符等
\S	匹配范围与 \s 相反
\w	匹配字母、数字、下划线
\W	匹配范围与 \w 相反
*	匹配符号前的表达式零次到多次
+	匹配符号前的表达式至少一次到多次
?	匹配符号前的表达式零次或一次
{n}	n 是一个非负整数。匹配 n 次
{n,}	n 是一个非负整数。至少匹配 n 次
{n,m}	m 和 n 均为非负整数，其中 n ≤ m。最少匹配 n 次且最多匹配 m 次

思考与提示

思考在浏览器的控制台中输入下面的代码，会有什么样的结果？

在 Firefox 浏览器的控制台中输入：

```
var str='a b    c';// 使用空格切割字符串
alert(str.split(' '));// ( ) 方法
var reg=/\S/g;// 使用任何非空白字符查询
alert(str.match(reg));
var reg=/[\w]/g; // 使用字母、数字、下划线进行匹配查询
alert(str.match(reg));
```

常用的正则表达式如表 1-4 所示。

表 1-4 常用的正则表达式

正则表达式	含 义
[0-9]{13,16}	信用卡
^62[0-5]\d{13,16}$	银联卡
^4[0-9]{12}(?:[0-9]{3})?$	Visa 卡
^5[1-5][0-9]{14}$	万事达卡
[1-9][0-9]{4,14}	QQ 号
^([0-9]){7,18}(x|X)?$	身份证
^(13[0-9]|14[5|7]|15[0|1|2|3|5|6|7|8|9]|18[0|1|2|3|5|6|7|8|9])\d{8}$	手机号码
^[a-zA-Z]\w{5,17}$	口令
^(?=.*\d)(?=.*[a-z])(?=.*[A-Z]).{8,10}$	强口令
^[\u4e00-\u9fa5]{1,7}$\|^[\dA-Za-z_]{1,14}$	7 个以内（含）汉字或 14 个以内（含）字符

图 1-10 所示为一个用户注册的示例页面，其实现代码如代码 1-5 所示。在页面中提示为“telephone”的 input 标签设置手机号码的输入规则。手机号码虽然是由 11 位数字组成的，但由于 13×、18×、14×、15×、17× 等各个号段之间并不是连续的，因此还需要利用正则表达式进行验证。

图 1-10 代码 1-5 编写的页面的效果展示

代码 1-5

```
1  <!DOCTYPE html>
2  <html>
3      <head>
4          <meta charset="utf-8" />
5          <style>
6              .wrap{
7                  text-align: center;
8              }
9          </style>
10         <title>register</title>
11     </head>
12     <body>
13         <div class="wrap">
14             <div style="display: inline">
15                 <form action='' method="post">
16                     <input type="text" name="uid" placeholder=
17 "username" autocomplete="off" required ="required" autofocus="on" /><br />
18                     <input type="number" name="age" min="3" max="99"
19 step="1" value="22" placeholder="age" /><br />
20                     <input type="email" name="email"
21 placeholder="email" autocomplete="off" /><br />
22                     <input type="tel" name="number"
23 placeholder="telephone" autocomplete="off" pattern="^(13[0-
24 9]|14[5|7]|15[0|1|2|3|5|6|7|8|9]|18[0|1|2|3|5|6|7|8|9])\d{8}$" />
25 <br /><!—正则表达式合规判断 -->
26                     <input type="submit" />
27                 </form>
28             </div>
29         </div>
30     </body>
31 </html>
32
```

代码1-5中第22~25行代码的功能就是利用正则表达式对用户输入的手机号码进行验证。

需要说明的是，name为“number”的input标签，其中的type属性值设置为“text”“number”和“tel”时，均可以通过正则表达式对手机号码的输入进行验证，但实际效果都有所欠缺。

如果 type 值设置为“text”，用户在移动设备输入手机号码时，系统将自动弹出英文键盘，而不是预期的数字键盘，需要用户自己将英文键盘切换到数字键盘，就会使用户体验不佳。

如果 type 值设置为“number”，用户在移动设备输入手机号码时，系统虽然会自动弹出数字键盘，但是对手机号码的验证还需要相应的 JavaScript 代码，以便对输入信息中的小数点进行判断处理。此外，在 iOS 操作系统中弹出的不是九宫格形式的数字键盘。所以，这也不是一个好的解决方法。

如果 type 值设置为“tel”，用户在移动设备输入手机号码时，系统将自动弹出带字母的九宫格键盘，视觉上远不如纯数字的九宫格键盘让用户感到舒服。

权衡上述 3 种取值的结果，本示例最后还是将 input 标签的 type 属性值设置为“tel”。

代码 1-5 中还运用了 input 标签的 min、max 及 patten 等多个属性。这些属性同样可以对输入信息进行验证，利用这些验证功能能够实现：name 对“uid”的 input 标签的输入进行非空核查；name 对“email”的 input 标签中输入的邮箱地址的格式进行核查；name 对“age”的 input 标签中输入 3 ～ 99 岁的年龄进行核查。由此可以看出，利用 input 标签的 type 属性，可以使验证变得更加简单、高效，提高了网页的安全性。

思考与提示

这里需要提醒读者的是，从另一个角度来看代码 1-5，会发现它不是非常安全，原因在于：代码 1-5 虽然突出了 name 为“tel”的 input 标签的安全验证，但对 name 为“uid”的 input 标签仅使用了代码 `<input type= "text" name= "uid" placeholder="username" autocomplete="off" required ="required" autofocus="on" />`，而没有对 XSS 进行安全防护，容易形成安全漏洞。

举这个例子的目的是提示读者：在特别关注某一安全问题的时候，不要放松对其他安全问题的防护，要从多个角度，系统地考虑代码的安全性。

1.2.5 利用file属性对文件上传进行防护

文件上传是网页中最为常见的功能需求之一，如果开发者在开发过程中因对用户文件上传部分的控制力不足或处理存在缺陷，就可能会产生文件上传漏洞，引发文件上传的安全问题。文件上传漏洞是指别有用心者利用文件上传功能将可执行文件上传到服务器上并加以执行，从而获得网站非法控制权等的行为。

代码1-6利用input标签的file属性来实现文件上传，开发者在代码中没有对文件上传中的安全进行考虑，因此会出现如下安全问题。

1. 没有对上传文件的类型进行控制

由于没有对上传文件的类型进行控制，使得如.sh、.exe、.php、.asp、.js等可执行文件被上传到服务器，因此可能引发非法控制服务器的情况出现。

2. 没有对上传文件的大小进行控制

由于没有对上传文件的大小进行控制，使上传大文件成为可能，因此可能出现因无意或者恶意上传大文件，而造成服务器瘫痪的情况。

代码1-6

```
1  <!DOCTYPE html>
2  <html>
3      <head>
4          <meta charset="utf-8" />
5          <title>file upload</title>
6          <style>
7              div{
8                  border:2px solid #31708f;
9                  padding:8px 8px;
10                 background:#77777;
11                 width:145px;
12                 height:65px;
13                 border-radius:3px;
14                 box-shadow: 5px 5px 3px #888888;
15             }
16         </style>
```

```
17      </head>
18      <body>
19          <div>
20              <form action="fileupload.php" method="get"
21 enctype="multipart/form-data" >
22                  <a>file upload</a>
23                  <input type="file" name="files[]" multiple="multiple"
24 />
25                  <input type="submit" value="submit" />
26              </form>
27          </div>
28      </body>
29 </html>
```

若要修复代码 1-6 中存在的安全漏洞，就要在实现文件上传功能时，对上传文件的类型和上传文件的大小进行限制。代码 1-7 在一定程度上解决了这两个方面的问题。

代码 1-7

```
1  <!DOCTYPE html>
2  <html>
3      <head>
4          <meta charset="utf-8" />
5          <link href="../css/css100.css" rel="stylesheet" type="text/
6  css" />
7          <title>file upload</title>
8      </head>
9      <body>
10         <div>
11             <form id="form1" name="form1" action="" method="get"
12 enctype="multipart/form-data" >
13                 <a>file upload</a>
14                  <input id="userfile" type="file" name="userfile"
15 accept="image/jpeg" onchange="checkSize()" /><!—上传文件类型设
16 置 -->
17                 <input type="submit" value="submit" />
18             </form>
19         </div>
20         <script language="javascript" type="text/javascript">
```

```
21              function checkSize(){
22                  if(document.form1.userfile.value==""){
23                      alert('图片不能为空！ '); // 图片非空判断
24                      return false;
25                  }else{
26                      var imagSize==  document.
27  getElementById("userfile").files[0].size;
28                      if(imagSize<1024*1024*3){
29                          alert(" 图片大小合格 ");// 图片合规判断
30                          return true;
31                      }else{
32                          alert(" 图片大小不合格 ");// 图片合规判断
33                          return false;
34                      }
35                  }
36              }
37          </script>
38      </body>
39  </html>
```

代码 1-7 对文件上传功能进行了以下安全防护。

代码 1-7 第 14~16 行代码利用了 input 标签的 accept 属性对上传文件的类型选择进行了约束，即只能上传 .jpeg 文件，无法上传可执行文件。

需要指出的是，代码 1-7 中对文件类型的约束仅仅是初步的。在运行代码 1-7 的过程中，网页上传的文件是依据文件扩展名，利用 openfiledailog 来进行选择，其无法判别上传文件的类型与文件内容是否匹配。如果用户在图 1-11 所示的文件类型下拉列表中选择“所有文件”，那么文件类型的约束就会失效。

在 `<input id="userfile" type="file" name="userfile" accept="image/jpeg" onchange="checkSize()"/>` 中，onchange 在上传前的这个阻塞点调用了 JavaScript 脚本对文件大小进行了约束：当确认有文件被选中后，利用代码 `document.getElementById("userfile").files[0].size;` 获得图片大小；通过代码 `if(imagSize<1024*1024*3){alert("图片大小合格");return true;` 对文件是否超过规定大小进行判断，如果图片大小不合格就会出现图 1-12 所示的提示。

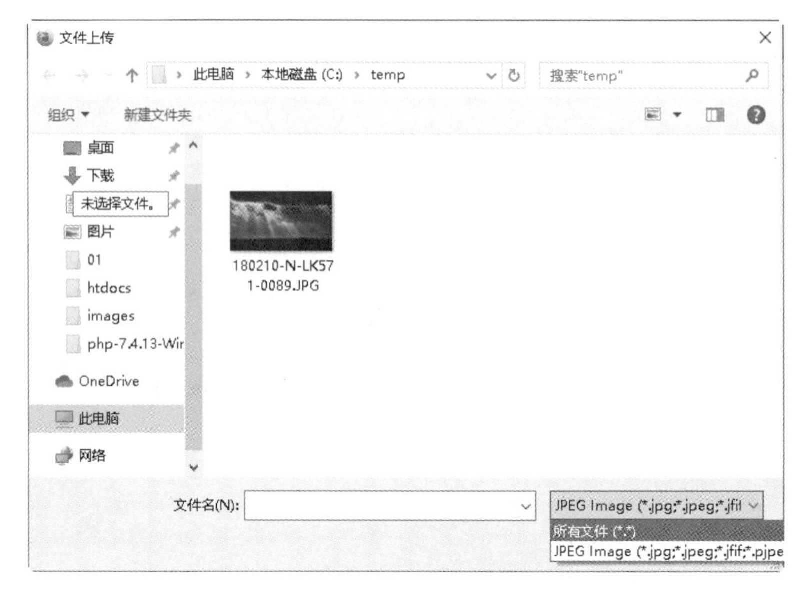

图 1-11　文件打开对话框

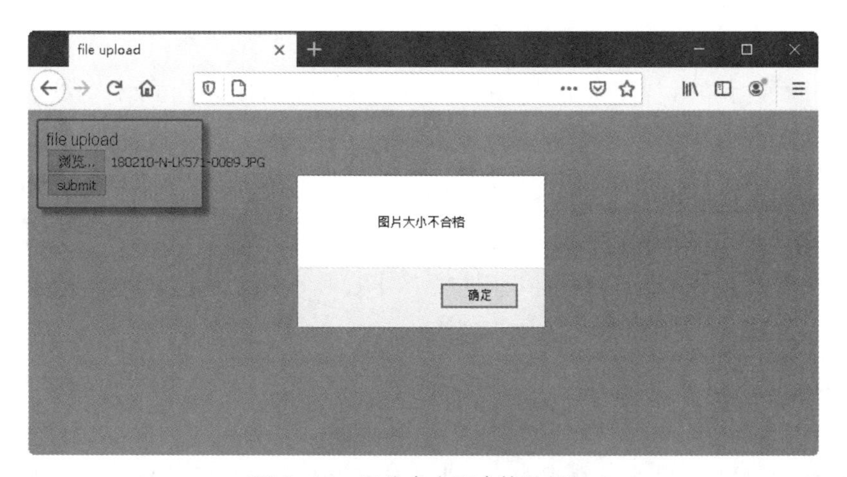

图 1-12　图片大小不合格的提示

此外，代码 1-7 使用了外部 CSS，为文件上传的表单装饰了一个边框，相关的 CSS 代码如代码 1-8 所示。

代码 1–8

```
1  div{
2           border:2px solid #31708f;
3           padding:8px 8px;
4           background:#77777;
5           width:145px;
6           height:65px;
7           border-radius:3px;
8           box-shadow: 5px 5px 3px #888888;
9  }
```

文件上传漏洞覆盖了前端、服务器等方面，代码1-7只是进行了初步的防护，远不能满足安全防护的需求。比较完整的文件上传漏洞防护示例将在6.2节中进行介绍。

1.3　利用form标签作为阻塞点进行安全防护

input标签负责用户输入信息的收集工作，form标签则负责将input标签收集到的信息提交给服务器。正是将用户输入的信息提交给服务器的这个动作，才形成了安全上的一个阻塞点。开发者可以利用form标签的这个阻塞点对信息的安全性、合规性进行验证。如果放弃这个阻塞点，就有可能让“藏有敌人的木马进入特洛伊城”。

form通常有3个基本组成部分：form标签，包含处理form表单信息所要使用的URL和将信息提交到服务器的方法；标签域，包含input标签等；按钮，包括submit按钮等。form标签的表现形式通常如下所示。

```
<form …>
    <input …>[<input …>…]
</form>
```

form标签的常用属性如表1-5所示。

表1-5　form 标签的常用属性

属　性	描　述
action	服务器上提供服务的名称，通常情况下是服务器上指定的一个网页地址；如果为空，则表示该地址就是本页
method	数据提交方式，一般为“GET”方式或“POST”方式
accept-charset	规定在被提交表单中使用的字符集
enctype	规定被提交数据的编码 application/x-www-form-urlencoded：在发送前编码所有字符 multipart/form-data：不进行编码 text/plain：只将空格符转换为“+”，其他特殊字符不进行编码
target	表示表单提交后的页面显示方式 _blank：在浏览器新窗口打开页面 _parent：载入父窗口 _self：本窗口 _top：清除所有被包含的框架并将页面载入整个浏览器窗口 默认为 _self
novalidate	规定浏览器不验证表单
autocomplete	规定浏览器应该自动完成表单，默认是开启状态
<fieldset>	组合表单中的相关数据
<legend>	为 <fieldset> 元素定义标题

通常，form 标签的处理是通过表单内部的 `<input type="submit"/>` 将信息提交到服务器。在 form 标签进行信息传输之前，要特别注意检查包含在 form 标签输入域内部的输入信息是否符合要求，否则就有可能出现安全漏洞。

在代码 1-7 中，第 11~18 行代码是 form 标签的标准使用方式，其中，`<form id="form1" name="form1" action="" method="get" enctype="multipart/form-data">` 规定了 form 标签的 id、name，以及服务器上服务的名称和数据提交的方式。只有当文件被加载的时候，才会激活代码 `<input id="userfile" type="file" name="userfile" accept="image/jpeg" onchange="checkSize()" />`。

代码 1-9 是对代码 1-7 中的核心代码（第 11~18 行代码）的改进，其在代码 1-7 中的第 11 行语句 <form id="form1" name="form1" action="" method="get" enctype="multipart/form-data" >的基础上，增加了代码 onsubmit= "return checkSize()，取消了代码 1-7 中第 14~15 行代码 <input id="userfile" type="file" name="userfile" accept="image/jpeg" onchange="checkSize()" /> 的 onchange="checkSize()。其作用在于，取消代码 1-7 中读取文件后的阻塞点，将对文件大小的检查迁移到了 form 标签进行信息提交前的阻塞点。经过验证，用 form 标签信息提交前的阻塞点进行信息验证同样可以满足功能需求。

代码 1-9

```
1   <form id="form1" name="form1" action="" method="get"
2 enctype="multipart/form-data" onsubmit= "return checkSize()" ><!—阻
3 塞点 -->
4       <a>file upload</a>
5       <input id="userfile" type="file" name="userfile" accept="image/jpeg" "/>
6       <input type="submit" value="submit" />
7   </form>
```

1.4 利用键盘输入操作进行安全防护

用户的信息是需要通过键盘输入来实现的。因此除了利用 input 标签的属性和 form 标签提交前的阻塞点对输入信息进行验证之外，对键盘输入的信息进行监控也是一个对用户所输入的信息进行验证的好方法。

1.4.1 键盘事件简介

键盘操作中最常需要的功能就是辨识输入键的种类和识别键盘是否被触发。键盘上的按键可以分为两类，一类是包括 26 个大小写英文字符和数字在内的 ASCII 值范围内的按键，另一类是键盘上的功能键。键盘操作包括 3 类事件：

❶ onkeydown，在用户按下任何键盘按键时触发；

❷ onkeypress，在用户按下并放开任何字母键、数字键时触发，但无法识别系统按钮（如方向键和功能键）；

❸ onkeyup，当用户释放任何先前按下的键盘按键时触发。

三者的触发顺序：onkeydown 最先执行，其次是 onkeypress，最后是 onkeyup。其中，onkeydown 和 onkeypress 会影响 onkeyup 的执行。

代码 1-10 是键盘事件处理的示例，其功能主要是说明 onkeydown、onkeypress、onkeyup 在用户输入过程中的响应。

代码 1-10

```
1   <!DOCTYPE html>
2   <html>
3       <head>
4           <meta charset="utf-8" />
5           <title>demo</title>
6           <style>
7               .wrap{
8                   text-align: center;
9               }
10          </style>
11          <script>
12              function chkTextP(){
13                  var event==window.event ||
14  arguments.callee.caller.arguments[0];
15                  var p=/^[^%\*\^~\'\"\/\\\<\>\|]+$/;
16                  var x;
17                  if(window.event){ // IE8 以及更旧的版本
18                      x=event.keyCode;
19                  }else{
20                      if(event.which){//IE9/Firefox/Chrome/Opera/Safari
21                          x=event.which;
22                      }
23                  }
24                  if(!p.test(String.fromCharCode(x))){
25                      document.getElementById("msg").innerHTML=" 非数
26  字输入 !";
27                  }
28                  var text1=document.getElementById("text1").value;
29                  document.getElementById("num2").value=text1.length;
30                  document.getElementById('text2').value=document.
```

```
31 getElementById('text1').value;
32             }
33             function chkTextD(){
34                 var text1=document.getElementById("text1").value;
35                 document.getElementById("num3").value=text1.
36 length;
37                 document.getElementById('text3').value=document.
38 getElementById('text1').value;
39             }
40             function chkTextU(){
41                 var text1=document.getElementById("text1").value;
42                 document.getElementById("num4").value=text1.length;
43                 document.getElementById('text4').value=document.
44 getElementById('text1').value;
45             }
46             function chkNumKey(){
47                 var event==window.event || arguments.callee.caller.
48 arguments[0];
49                 var p=/^[0-9]*$/;
50                 var x;
51                 if(window.event){ // IE8 以及更旧的版本
52                     x=event.keyCode;
53                 }else{
54                     if(event.which){ // IE9/Firefox/Chrome/Opera/Safari
55                         x=event.which;
56                     }
57                 }
58                 if(!p.test(String.fromCharCode(x))){
59                     document.getElementById("msg").innerHTML="非数
60 字输入!";
61                     document.getElementById("num5").focus();
62                 }
63             }
64             function chkNumBlur(){
65                 var num5=document.getElementById('num5').value;
66                 if ((num5 > 100) || (num5 <0)){
67                     document.getElementById("msg").innerHTML="越界!";
68                     document.getElementById("num5").focus();
69                 }
```

```
70                  }
71                  function chkText2(){
72                      document.getElementById('text7').value=document.
73  getElementById ('text5').value;
74                  }
75                  function chkText3(){
76                      document.getElementById('text7').value=document.
77  getElementById ('text6').value;
78                  }
79              </script>
80          </head>
81          <body>
82              <div class="wrap">
83                  <form action="show_post.php" method="post" id="form1">
84                      <input type="text" id="text1" name="text1"
85  placeholder="text1 字符串 " autocomplete="off" onkeypress="chkTextP()"
86  onkeydown="chkTextD()" onkeyup="chkTextU()" /><!—键盘阻塞点 1、2、3-->
87                      <input type="text" id="text2" name="text2"
88  placeholder="text1 字符串 keypress 触发时复制 " />
89                      <input type="text" id="text3" name="text3"
90  placeholder="text1 字符串 keydown 触发时复制 " />
91                      <input type="text" id="text4" name="text4"
92  placeholder="text1 字符串 keyup 触发时复制 " /><br />
93                      <input type="text" id="num1" name="num1"
94  placeholder="text1 字符长度 " />
95                      <input type="text" id="num2" name="num2"
96  placeholder="text1 keypress 触发时计算的字符长度 " />
97                      <input type="text" id="num3" name="num3"
98  placeholder="text1 keydown 触发时计算的字符长度 " />
99                      <input type="text" id="num4" name="num4"
100 placeholder="text1 keyup 触发时计算的字符长度 " /><br />
101                     <input type="text" id="num5" name="num5"
102 placeholder="0-100 之间的整数 " onkeypress="chkNumKey()"
103 onblur="chkNumBlur();" /><!—键盘阻塞点 4、5-->
104                     <input type="text" id="text5" name="text5"
105 placeholder="text2" autocomplete="off" oninput="chkText2()" /><!—
106 键盘阻塞点 6-->
107                     <input type="text" id="text6" name="text6"
```

```
108 placeholder="text3" autocomplete="off" onchange="chkText3()" />
109 <!—键盘阻塞点 7-->
110                  <input type="text" id="text7" name="text7"
111 placeholder="text4" autocomplete="off" />
112             </form>
113             <div id="msg"></div>
114         </div>
115     </body>
116 </html>
```

在代码 1-10 中，当 text1 输入字符串后会产生以下连锁反应：

❶ 通过 onkeypress 响应（阻塞点 1）在 text2 内同步显示 text1 的信息，以及在 num2 中显示 text1 的字符串长度；

❷ 通过 onkeydown 响应（阻塞点 2）在 text3 内同步显示 text1 的信息，以及在 num3 中显示 text1 的字符串长度；

❸ 通过 onkeyup 响应（阻塞点 3）在 text4 内同步显示 text1 的信息，以及在 num4 中显示 text1 的字符串长度。

在代码 1-10 中，num5 会产生 2 个关于键盘操作的阻塞点：onkeypress（阻塞点 4）用来判别当前输入的是否为数字，而 onblur（阻塞点 5）则是当 num 失去焦点后被激活。

此外，当 text5 输入字符后，通过 oninput（阻塞点 6）所指向的 JavaScript 代码，使得 text7 中同步 text5 的信息。而 text6 的信息发生改变后会激活 onchange（阻塞点 7），会在 text7 中同步 text6 的信息，其显示如图 1-13 所示。

从代码 1-10 的 onkeypress、onkeydown、onkeyup 可以看出，当用户进行信息输入，确切说是按下按键、按住按键、松开按键的时候，都是对用户输入信息是否为空、用户输入信息是否包含敏感字符、用户输入信息是否符合预期要求等进行判断的阻塞点。这些阻塞点对前端的安全防护非常重要。

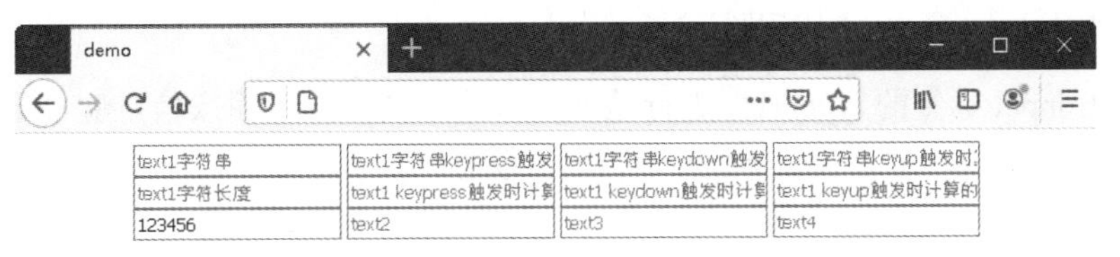

图 1-13　代码 1-10 的页面展示

此外，代码 1-10 中使用了许多 JavaScript 函数，具体的函数及其作用如表 1-6 所示。

表 1-6 代码 1-10 中使用的 JavaScript 函数及其作用

函数	作用
chkTextP()	text1 的 onkeypress 响应，主要完成了敏感字符的比对工作
chkTextD()	text1 的 onkeydown 响应
chkTextU()	text1 的 onkeyup 响应
chkNumKey()	num5 的 onkeypress 响应
chkNumBlur()	num5 的 onblur 响应
chkText2()	text5 的 oninput 响应

1.4.2 键盘输入安全验证

对用户输入信息进行安全验证时，使用键盘输入进行验证的优点主要体现在以下几个方面。

1. 实时性强

无论是通过 input 标签的属性验证，还是利用 form 标签作为阻塞点验证，其本质都是利用提交用户信息之前的阻塞点作为验证的触发点。而键盘输入安全验证则完全依赖于键盘（含软键盘）操作进行触发，这样就会在用户输入信息的同时进行验证，具有很强的实时性。

2. 效率高

由于键盘输入安全验证采用的是实时验证，因此同一时间内只能有一个标签进行验证。对多项输入信息的页面而言，将验证时间分散到多个标签中，可提高验证效率。

3. 利用 JavaScript 代码验证

与采用 input 标签的 type 属性进行验证的方式不同，键盘输入信息验证通常是利用 JavaScript 来完成的，因此开发者能够通过键盘输入操作对输入的信息进行实时控制。

1.5　输入安全防护实例

前文所涉及的示例大多数是基于单一标签属性所进行的安全防护，但在实际生产环境中，情况会因需求而变得复杂，需要更多的防护来保证H5应用的安全。

1.5.1　允许多种类信息输入的防护实例

在生产环境中，为方便用户，应用往往会提供普通字符串、邮箱地址、手机号码等不同选项供用户作为用户名认证选项，用户只需选择其中的任意一项作为用户名认证选项即可，图1-14所示的登录页面就是如此。有些应用的登录还采用了如微信、微博等第三方认证登录的方式作为用户名认证选项，如图1-15所示。

图1-14　中国铁路12306登录页面（局部）

图1-14提供的登录方式，用户只能选择其一进行登录，即用户无法既选择“邮箱”作为用户名登录，又选择“手机号”作为用户名登录，这是因为开发者无法使用input标签的type属性对两类不同属性的值同时进行验证。也就是说，当用户使用input标签的type属性值为email时，可以验证邮箱地址，但无法验证手机号码；而当用户使用input

标签的 type 属性值为 tel 或者 number 时，可以验证手机号码，但无法验证邮箱地址。如果用户要使用 input 标签 type 属性值为 text，并利用 pattern 正则表达式进行验证时，所需设计的正则表达式会相当复杂，其结果是不仅要面对未来运维中会出现的各种问题，而且维护也相当困难。因此，建议使用 JavaScript 对输入的信息进行验证，如代码 1-11 所示。

图 1-15 搜狐网登录页面（局部）

代码 1-11

```
1  <!DOCTYPE html>
2  <html>
3      <head>
4          <meta charset="utf-8" />
5          <title>login</title>
6          <style>
7              .wrap{
8                  text-align: center;
9              }
10         </style>
11     </head>
```

```
12      <body>
13          <div class="wrap">
14              <div style="display: inline">
15                  <form name="form1" action="" onsubmit="return
16 toVaild()" method="get">
17                      <input type="text" id="uid" name="uid"
18 placeholder="username:email or phone" autocomplete="off" /><br />
19                      <input type="password" id="pwd"
20 placeholder="Password" autocomplete="off" /><br />
21                      <input type="submit" />
22                  </form>
23              </div>
24          </div>
25          <script>
26              function toVaild(){
27                  var regex_mail=/^([a-zA-Z0-9]+[_|\_|\.]?)
28 *[a-zA-Z0-9]+@([a-zA-Z0-9]+[_|\_|\.]?)*[a-zA-Z0-9]+\.[a-zA-Z]
29 {2,3}$/;
30                  var regex_phone=/^(13
31 [0-9]|14[5|7]|15[0|1|2|3|5|6|7|8|9]|18[0|1|2|3|5|6|7|8|9])\d{8}$/;
32                  var regex_xss=/^[^%\*\^~\'\"\/\\\<\>\|]+$/;
33                  var uid=document.getElementById('uid').value;
34                  if(uid=="") {// 判断是否为空
35                          alert('Please input!');
36                          return false;}
37                  if(!regex_mail.test(uid) && !regex_phone.test(uid)
38 && regex_xss.test(uid)){ // 邮箱地址、手机号码合规判断（" 与 " 的关系）
39                  alert('Invalid input!');
40                  return false;}
41              }
42          </script>
43      </body>
44 </html>
```

代码 1-11 应用了 form 标签的一个事件：onsubmit 事件。当表单中的“确认”按钮被点击后将触发这个事件，调用 JavaScript 代码中的 function toVaild()，使 input 标签中输入的信息在提交到服务器之前就可以在客户端被预先处理。

JavaScript 代码中的 function toVaild()（代码 1-11 中的第 26~41 行）定义了 3 个正则

表达式。用于邮箱地址验证的正则表达式如下所示。

```
regex_mail=/^([a-zA-Z0-9]+[_|\_|\.]?)*[a-zA-Z0-9]+@([a-zA-Z0-9]+[_|\_|\.]?)*[a-zA-Z0-9]+\.[a-zA-Z]{2,3}$/;
```

用于手机号码验证的正则表达式如下所示。

```
regex_phone=/^(13[0-9]|14[5|7]|15[0|1|2|3|5|6|7|8|9]|18[0|1|2|3|5|6|7|8|9])\d{8}$/;
```

用于 XSS 字符串验证的正则表达式如下所示。

```
regex_xss=/^[^%\*\^~\'\"\/\\\<\>\|]+$/;
```

通过 regex_mail.test(uid)、regex_phone.test(uid) 及 regex_xss.test(uid) 等 JavaScript 代码进行验证，在实现对邮箱地址和手机号码进行验证的同时，防止了 XSS 漏洞的出现。

思考与提示

如果示例中登录的用户名规则改为“可以采用邮箱地址、手机号码、用户名当中的任意一种的格式”，那么将如何对用户输入的信息进行审核？请修改代码 1-11。

1.5.2 双因子认证防护实例

双因子认证（Two-Factor Authentication，2FA）是指结合口令和实物（信用卡、SMS 手机、令牌或指纹等生物标志）两种因子对用户进行认证的方法。简单地说就是除了口令，还要用另一种非口令形式的验证因子来确认使用者的身份，如短信验证、邮件验证、生物识别等。其优点在于：别有用心者无法直接通过用户名对其中的口令进行暴力破解。

代码 1-11 虽然对用户输入的用户名进行了验证与防护，但如果有人想要恶意破解用户认证，采用枚举的方式就可以破解。如先设定一组 6 位的数字密码，然后通过枚举类似银行卡卡号的方式进行破解。这种恶意破解所造成的后果是极为严重的，因此在考虑用户名认证方式的时候，可以考虑采用组合鉴别的方式认证。

此外，验证码也是一种重要的验证因子，即 Completely Automated Public Turing test to tell Computers and Humans Apart。验证码通常是随机生成的。当用户访问登录页面或者点击随机码图形时，系统都会产生一个新的验证码，供用户填写。系统能够借此区分用户是手动登录系统，还是使用脚本登录系统，在一定程度上能防止有人通过自动脚本进行恶意破解，包括防止诸如恶意破解口令、“刷票”“论坛灌水”等行为。防范脚本自动破解登录认证的手段有多种，比较常见的防范方法有：快速拼图验证法，登录页面如图 1-16 所示；物品选择验证法，登录页面如图 1-17 所示；扫描二维码验证法，登录页面如图 1-18 所示；手机验证码验证法，登录页面如图 1-19 所示；验证码验证法，登录页面如图 1-20 所示。

图 1–16　快速拼图验证登录页面

图 1–17　物品选择验证登录页面

图 1–18　扫描二维码验证登录页面

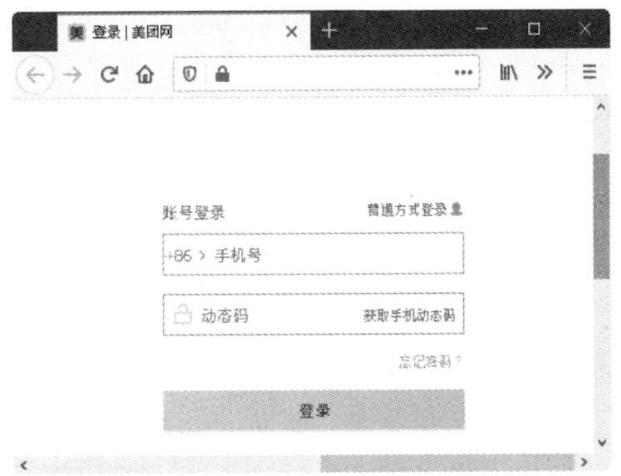

图 1–19　手机验证码验证登录页面

图 1-20　验证码验证登录页面

生成随机验证码的程序 veryfication.php 是用 PHP 编写的，并存放在服务器中，具体代码如代码 1-12 所示。开发者在前端的网页中可以采用代码 `<img class="form-control span4" id="code" name="code" src="veryfication.php" onclick="create_code()" title="点击刷新" onclick="change_rand();"/>` 从服务器调用 veryfication.php，并通过对验证码的验证来阻止别有用心者利用脚本对应用中的用户名和密码进行暴力破解。

代码 1-12

```
1  function show_code_jpg($num, $w, $h, $r, $g, $b) {
2          $code ="";
3          for ($i=0; $i<$num; $i++) {
4              $code .==rand(0, 9);
5          }
6          $_SESSION['yzm_code']=$code;
7          header("Content-type: image/PNG");
8          $im=imagecreate($w, $h);
9          $black=imagecolorallocate($im, $r, $g, $b);
10         $gray=imagecolorallocate($im, 255, 255, 255);
11         $bgcolor=imagecolorallocate($im, 255, 255, 255);
12         imagefill($im, 0, 0, $gray);
13         //imagerectangle($im, 0, 0, $w-1, $h-1, $black);
14         $style=array ($black,$black,$black,$black,$black,
15             $gray,$gray,$gray,$gray,$gray
16         );
```

```
17          imagesetstyle($im, $style);
18          $y1=rand(0, $h);
19          $y2=rand(0, $h);
20          $y3=rand(0, $h);
21          $y4=rand(0, $h);
22          imageline($im, 0, $y1, $w, $y3, IMG_COLOR_STYLED);
23          imageline($im, 0, $y2, $w, $y4, IMG_COLOR_STYLED);
24          for ($i=0; $i<60; $i++) {
25              imagesetpixel($im, rand(0, $w), rand(0, $h), $black);
26          }
27          $strx=rand(3, 8);
28          for ($i=0; $i<$num; $i++) {
29              $strpos=rand(1, 6);
30              imagestring($im, 5, $strx, $strpos, substr($code, $i,
31  1), $black);
32              $strx +==rand(8, 12);
33          }
34          imagepng($im);
35          imagedestroy($im);
36      }
```

对代码 1-12 内的关键代码的相关解释如下。

❶ `function show_code_jpg` 传递的参数及其作用分别为：$num 用于传递需要几位验证码；$w 用于传递图形的宽度；$h 用于传递图形的高度；$r、$g、$b 用于传递颜色。

❷ `$_SESSION['yzm_code']=$code;` 的作用是将验证码写入 session。

❸ `header ("Content-type: image/PNG"")` 的作用是输出PNG格式的验证码图片。

❹ `imagesetpixel ($im, rand(0, $w), rand (0, $h), $black)` 的作用是为验证码图片增加干扰点。

❺ `imageline($im, 0, $y1, $w, $y3, IMG_COLOR_STYLED)` 的作用是为验证码图片增加干扰线。

❻ `imagedestroy($im)` 的作用是销毁验证码图片。

思考与提示

生成随机数字验证码的函数完全可以用 JavaScrip 进行编写，代码 1-12 用 PHP 编写的目的在于提示读者：H5 不仅包含了 HTML5、CSS、JavaScrip，还融入了包括 PHP 在内的很多技术，其已经实现了将不同的技术按照需求（对公司和创业者而言，技术并不是他们首要关注的因素，他们经常会优先考虑成本和需求等）进行融合，而不是仅局限于“HCJ”的组合。在一定程度上，验证码的确可以降低自动脚本对用户认证破解的风险，但如果被别有用心者发现验证码的获取可以通过脚本实现，就会使验证码失去对脚本自动破解认证的防范作用，验证将形同虚设。

图 1-21 所示的是某品牌早期安全产品的登录页面，实现代码如代码 1-13 所示。

代码 1–13

```
1     function Ajax_Send()
2     {
3     xmlHttp.open("Post", "APCCode", true);
4     xmlHttp.onreadystatechange=GetAPCCode;
5     xmlHttp.setRequestHeader("Content-Type","application/x-www-form-
6   urlencoded");
7     var sendData='';
8     xmlHttp.send(sendData);
9     }
10    function GetAPCCode()
11    {
12    if (xmlHttp.readyState==4)
13    {
14    var response=xmlHttp.responseText;
15    document.all("APCCode").value=response;
16    document.getElementById("APCPic").src="getImg?ID=" + response; //
17  安全漏洞
18    }
```

通过对登录页面代码（代码 1-13）的解读可发现，其中有一段代码如下。

```
document.getElementById("APCPic").src="getImg?ID=" + response;
```

该段代码的功能是为页面生成随机码图形，并将这个随机码图形以数字的形式返回给页面。如果用户在 Chrome 浏览器中按快捷键 F12 对登录页面进行调试跟踪，就可以清晰地看到页面是如何以字符串形式获得验证码（附加码）的，如图 1-22 所示（注：漏洞曝光后已经得到了公司的有效修复）。

图 1-21　某品牌早期安全产品的登录页面

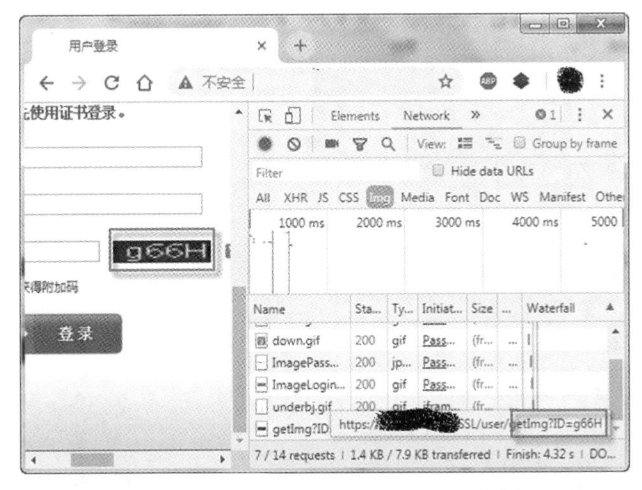

图 1-22　查看页面是如何获得验证码（附加码）的

思考与提示

之所以在前文介绍 Firefox 浏览器的调试器，而在这里使用 Chrome 浏览器的调试器，是因为希望读者能够熟悉每一款浏览器，并能够使用浏览器调试工具进行调试。因为 H5 在不同浏览器中所表现出的结果不一定是相同的，开发者进行应用开发时应该有能力将应用与每一款流行的浏览器进行适配。

随着光学字符识别（Optical Character Recognition，OCR）技术的发展和大数据的应用，过去由于干扰处理、字符变形等原因无法通过非人工手段识别的验证码能够被自动识别出来，导致自动脚本被恶意破解成了需要解决的、很重要的安全问题。目前，字符、数字随机图形化验证码的方法已经不是一个相对安全的验证方法，因此越来越多的应用采取了邮件验证、语音验证、短信验证，以及其他多种验证方法进行验证。

思考与提示

认真、深入地读代码，认真调试代码是避免发生安全问题的好办法。安全绝不是一蹴而就、一劳永逸的，以往被视为安全的技术，也可能变成安全隐患。

第 2 章

H5 页面设计安全

H5 页面设计会对用户操作产生很大的影响。如果在开发过程中忽略了页面安全问题，就会引发安全隐患，出现安全问题。如由于页面设计缺陷造成操作达不到预期效果；由于页面提示的信息不足、提示的信息出现错误或不准确，造成用户执行错误操作，因此开发者应对页面安全问题加以重视。本章就页面设计安全进行介绍，使读者能够在开发过程中得到一些帮助。本章主要内容如图 2-1 所示。

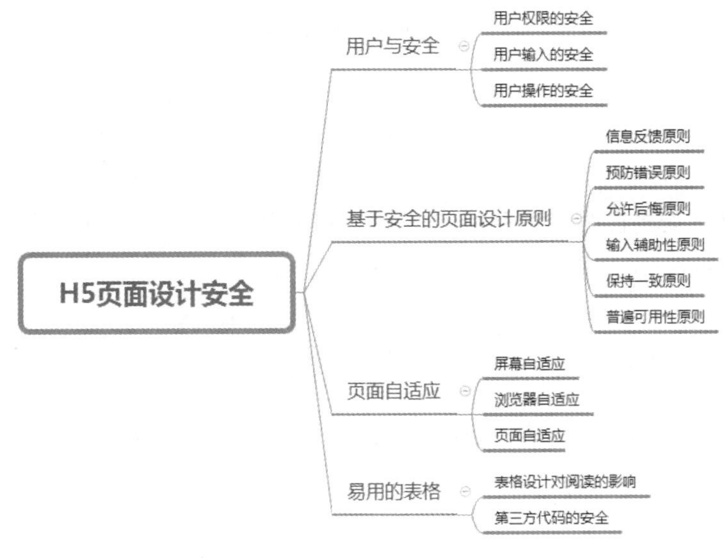

图 2-1　本章主要内容

2.1 用户与安全

H5 应用前端所产生的安全问题是多方面的，除恶意攻击者对应用造成安全威胁外，普通用户的操作也会有意或无意地给应用带来安全威胁。

2.1.1 用户权限的安全

用户权限是指用户在应用系统中访问资源的权限。用户的权限管理出现在几乎所有的系统之中，除特殊情况外，用户都需要通过用户名和口令登录，才能获取用户所拥有的权限，如 163、gmail 等邮件网站。有些公共网站如百度等，看上去无须进行用户登录也能获取相应的查询、浏览等权限，但这只是网站向公共用户开放了较低的（匿名）用户权限，而网站对管理员这类用户仍然有严格的权限要求。

由于权限设置对应用和用户都具有重要的意义，因此用户权限设置应当满足最小特权的要求，一旦用户在应用中发现自己的操作可以使自己获得更大的权力，即操作超出了自己权限范围时，就意味着应用可能会出现漏洞。出现用户权限不当的原因通常是在应用设计阶段开发者对应用的用户权限认识不足。为了避免出现用户权限设置与用户需求不匹配的问题，构架应用的用户权限之前应充分研究和分析应用与用户之间的关系，可以采用白名单方式。

此外，如果出现用户权限无法满足操作需求的情况，可以采取提权的措施。所谓提权是指提高用户在应用中的权限级别或范围。值得注意的是提权要合理，不能对用户进行超过其应用需求的提权设置。只有仅是为了满足用户自身合理操作需要而进行的提权才是正常、合理的。

2.1.2 用户输入的安全

作为 H5 应用的前端，用户所输入的信息是应当被核查的。有关这方面内容在第 1 章中已经介绍过，这里不赘述。

2.1.3　用户操作的安全

用户在使用 H5 应用时会进行一系列的操作，如何保证用户操作安全，对用户来说是非常重要的，如利用银行卡转账功能对学校一卡通进行充值。当用户点击“充值”按钮后，系统开始执行充值操作。在系统执行充值操作的过程中，如果系统没有向用户提供“充值正在进行中”等相关提示信息，或由于系统通信出现延迟，使系统执行完充值操作后，系统操作页面没能及时显示出“充值业务完成”信息，就有可能使用户误认为没有点击到“充值”按钮，而导致重复执行充值操作，产生非用户意愿的二次充值操作。在应用开发时，如果开发者能够考虑到实际应用中会出现通信延迟等问题，在用户点击“充值”按钮后，系统在执行充值操作的过程中，设计了诸如“正在进行充值，请稍后…”之类的提示信息给用户，就会避免上述问题的发生。由此可见，在页面开发中，设计良好的用户页面，有效引导用户操作，从而避免出现安全问题，是非常重要的。

2.2　基于安全的页面设计原则

图 2-2 所示为雅虎公司 1994 年的网站首页。通过该图可以看出，作为当时的大型互联网公司之一，雅虎公司的网站首页上没有企业标志图片，只是通过字符、表格等方式进行信息展示。

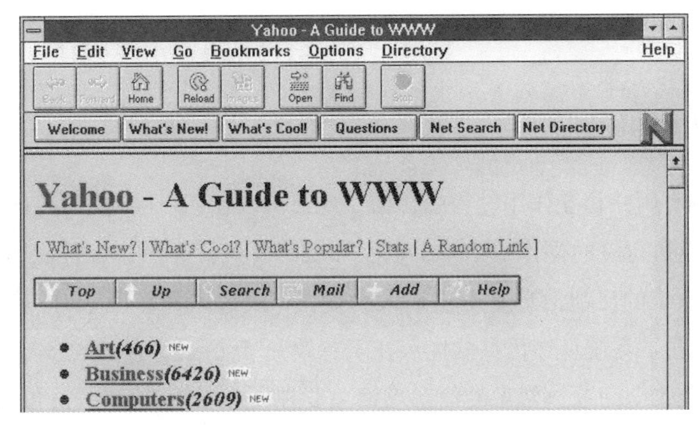

图 2-2　雅虎公司 1994 年的网站首页

图 2-3 所示为雅虎公司 2019 年的网站首页。2019 年雅虎公司的网站首页的信息及其展示方式非常丰富——图文并茂，动静结合。

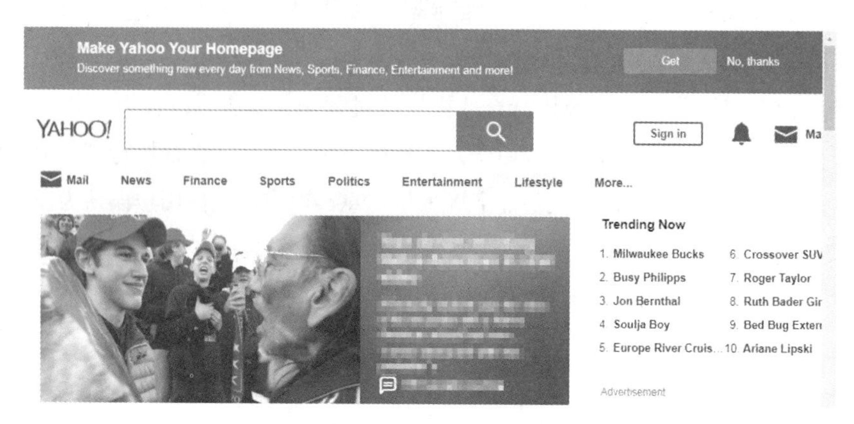

图 2–3　雅虎公司 2019 年的网站首页

无论是以前以字符呈现的页面，还是现在以图片、声音、视频等多种元素呈现的页面，它们的设计核心都是以用户的需求为驱动，在保证安全的前提下，让页面对于用户来说，可用、好用、易用。由于页面设计涉及计算机科学、心理学、设计艺术学、认知科学以及人机工程学等多个学科，因此关于页面设计的原则有很多，其中与安全有关的有信息反馈、预防错误、允许后悔、输入辅助性、保持一致性、普遍可用性等。应用这些原则开发系统，使用户操作页面对用户操作有明确和有效的引导，能防止威胁应用安全的操作产生。

2.2.1 信息反馈原则

在 H5 应用与用户相互作用过程中，信息反馈可以让用户随时了解 H5 应用和用户当前的状态，知道执行过的操作的结果，以及知晓将要执行的操作有可能出现的执行结果和发展趋向。系统的反馈信息是用户输入的依据，反过来又作用于 H5 应用本身，并影响 H5 应用的输出。系统反馈信息的优点在于有效调节输入，可使系统避免因过载而造成崩溃或产生其他安全问题。常见的信息反馈主要包括应用状态反馈和过程信息反馈两个方面。

1. 应用状态反馈

应用状态反馈是指应用向用户反馈应用当前所处的运行状态。应用状态反馈主要包括如下几类。

（1）环境变量的反馈

环境变量反馈通常是向用户提供系统自身的信息，如 CPU、MEM、DISK 等，如图 2-4 所示。

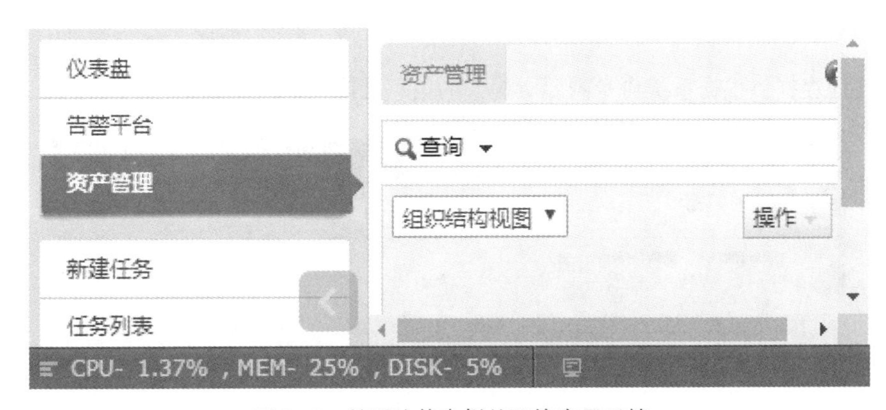

图 2–4　某系统状态栏的环境变量反馈

通过应用反馈的信息，用户能够及时了解当前应用状态，并可对操作进行相应调整，以免造成承载应用的硬件出现问题，导致应用崩溃现象。如当 CPU、MEM 使用率过高时，用户可以暂时新建任务或者延缓、暂停一些不太重要的和正在执行的实时任务，使应用可以在硬件承载能力允许的条件下顺利运行。又如，当 DISK 使用率过高时，用户可以考虑清除一些数据或者进行服务器的存储扩容工作，以保证应用不会因存储问题而造成崩溃或者数据丢失的情况。

（2）服务状态反馈

用户在向应用提供信息后，应用往往会反馈给用户一些信息，这些反馈信息对用户的操作影响非常大。图 2-5 所示为某系统流量控制器的仪表板，其为用户提供了流量的各种分析统计信息，用户可据此对操作进行调整。

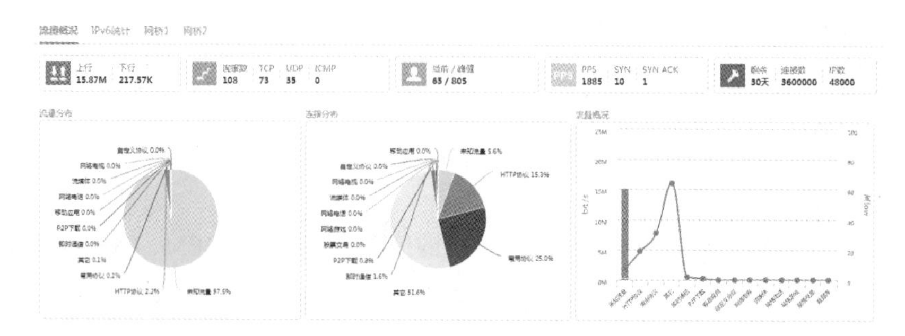

图 2–5　某系统流量控制器的仪表板

系统还会提供根据系统自身需要所提供的信息反馈，如图 2-6 所示。

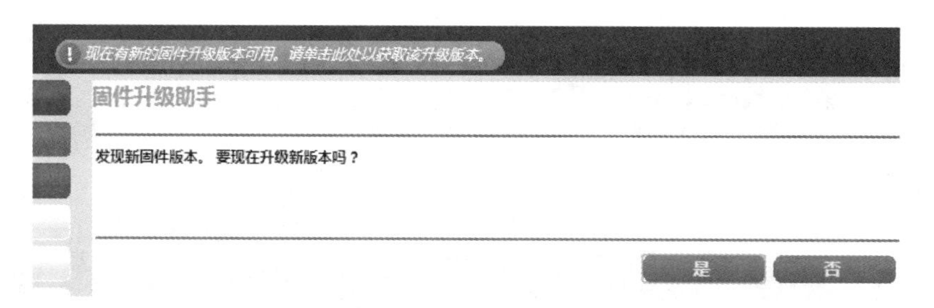

图 2–6　某无线路由器的固件升级页面

思考与提示

系统、软件版本更新，以及系统固件、微码的更新一般都是为了修复 bug 或者漏洞，如果置之不理会产生极大的安全隐患。

在系统升级时应当注意，不要使用破解软件或进行权限破解操作。因为一旦进行了破解工作，系统升级或软件更新就需要依靠第三方程序来完成。使用第三方程序就有可能引入安全隐患，一旦安全隐患被引入，就很难被解决。

2. 过程信息反馈

过程信息反馈通常是指应用对用户进行的主动提示，使用户知道自己当前所处的状态，目的是引导用户操作，防止用户执行错误操作。因为一旦用户执行了错误操作，就有可能导致应用中断、数据丢失，或应用崩溃的现象发生。

图 2-7 所示的是用户在注册账号时，系统给用户的提示信息。根据提示信息，用户可以清楚地知道自己所完成的注册步骤有哪些，还有哪些注册步骤需要完成。

图 2–7 注册步骤信息反馈

图 2-8 所示的是某游戏应用的启动页面，启动页面显示的提示信息是为了告知用户，用户端已经和服务器处于连接状态，系统正在下载更新资源，请用户耐心等待。

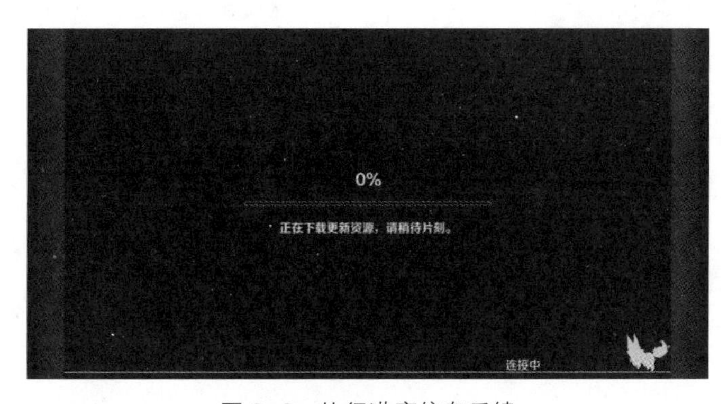

图 2–8 执行进度信息反馈

在电视终端升级、用户加载 H5 应用、应用更新等过程中，一般都会有执行进度提示。如果没有进度提示，用户就无法获知系统的当前状态，用户就有可能误认为系统出现问题而执行错误的操作。如误认为系统死机而关闭电源或重新启动设备，由于系统尚未升级完毕，旧系统已经被清除，因此会造成系统无法工作的问题。

思考与提示

如果在应用开发时将进度条中的进度值设计为由 0% 快速升至一个非零的个位数值，无论实际进度是否开始，对用户来说都是一个很好的心理暗示。

图 2-9 所示的是微信中通过“加载中 ...”和转动的圆形进度条来显示系统正在进行转换的状态。图 2-10 所示的则是采用在内容页中添加消息角标（红点提示）的方式向用户提示新信息。有关状态信息反馈的方式有很多，开发者在开发过程中可以针对具体情况加以设计。

图 2–9　微信转换过程提示

图 2–10　新消息红点提示

2.2.2　预防错误原则

预防错误是指应用在用户执行关键操作之前要求用户再次执行的确认操作，以防止用户因误操作而产生安全问题。用户在使用 Microsoft Word 进行文档存储时，如果使用的是默认文件名进行存储，经常会出现图 2-11 所示的提示信息。正是由于此提示，很多可能被覆盖的文档才得以保存。

图 2–11　Word 提示信息

预防错误措施包括多方面的内容，其对信息系统和应用的安全保障起着极为重要的作用。常见的预防错误措施包括操作预防和布局预防两大方面。

1. 操作预防

所谓操作预防是指在用户执行相对重要的操作前，应用向用户提供警告提示，在用户确认后才能执行此重要操作。图 2-12 所示的是用户在进行删除操作时，应用强制用户确认是否执行此操作所给出的提示信息。当用户点击“确定”按钮后，删除操作被执行，然后应用显示“11 号任务删除成功”，如图 2-13 所示。

图 2–12　提示信息

图 2–13　操作执行结束后显示的信息

操作预防不仅在用户执行重要的操作时进行，在用户按照业务流程的需求进行操作时也会进行，如向用户发出相关法律、规章制度的提示也是一种必要的警示用户的手段，图 2-14 所示的是某视频网站的用户注册页面，页面中的“注册”按钮是被禁用的，原因是用户没有选择“同意《用户协议》《隐私政策》”选项。类似的提示对系统的自我保护是非常必要的，其属于非技术层面的安全。

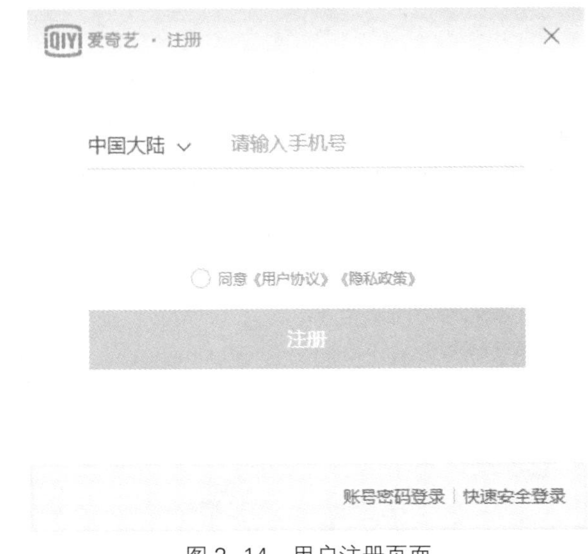

图 2-14　用户注册页面

2. 布局预防

图 2-15 所示的是某系统页面的局部布局，从图中可以看出：图中标记为①的功能提示一目了然，标记为②的功能提示也很明确，而标记为③的功能提示会使用户产生误解。标记为③的功能可以被理解为标记为①的功能的附属选项，也可以被理解为标记为②的功能的附属选项，但不论其被理解为附属于谁的选项似乎都有些说不通。

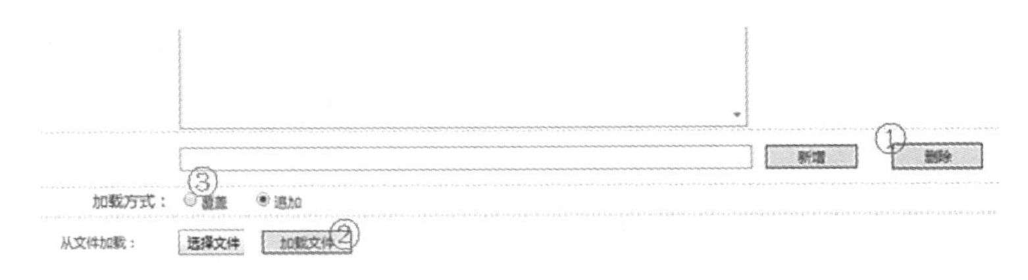

图 2-15　某应用系统的局部布局

阅读代码 2-1（代码是改写的，尽量保持原来的编写风格，并不完整）后，标记为③的功能提示就十分明确了。

代码 2-1

```
1  <!DOCTYPE html PUBLIC "-//W3C//DTD XHTML 1.0 Transitional//EN"
2  "http://www.w 3.org/TR/xhtml1/DTD/xhtml1-transitional.dtd">
3  <html>
4      <head>
5          <meta http-equiv="Content-Type" content="text/html
6  charset==utf-8" />
7          <META HTTP-EQUIV="Pragma" CONTENT="no-cache" />
8          <META HTTP-EQUIV="Cache-Control" content="no-cache" />
9          <link href="../css/c200.css" rel="stylesheet" type="text/css" />
10         <title>demo</title>
11     </head>
12     <body topmargin="0">
13         <table width="100%"  id="hor-minimalist-b1">
14             <tr height=240>
15                 <td align=left valign=center>  <b> 列表 </
16 b></td>
17                 <td><select style="width:100%;height:100%"
18 size="28>" </select></td>
19                 <td></td>
20             </tr>
21             <tr >
22                 <td></td>
23                 <td><input type="text" style="width:100%" /></td>
24                 <td width=* align="left">
25                     <input type="button" style="width:90"
26 class="submit" value=" 新增 " />
27                       <input type="button"
28 style="width:90;height:22px" class="submit" value=" 删除 " />
29                 </td><!—标记①位置 -->
30             </tr>
31             </table>
32         <form method="post" enctype="multipart/form-data"><!—标记①
33 所处的表单始 -->
34             <table width="100%"  id="hor-minimalist-b">
35                 <tr id="row1">
36                     <td width="10"> </td>
37                     <td width="100" align="right" style="font-
38 size:14px;font-bold:true;" align=left> 加载方式: </td>
```

```
39                    <td align="left" width="60">
40                        <input type="radio" name="Method"
41 value="Cover" style="font-size:14px;" />覆盖
42                    </td>
43                    <td align="left" width=60>
44                        <input type="radio" name="Method"
45 value="Additional" style="font-size:14px;" checked />追加
46                    </td><!—标记②位置 -->
47                    <td align="right" width=*></td>
48                </tr>
49                <tr >
50                    <td > </td>
51                    <td align="left">从文件加载：</td>
52                    <td align="left">
53                        <input type="file" style="width:100%">
54                    </td><!—标记③位置 -->
55                    <td align="left" width=*>
56                        <input type="submit" class=submit
57 style="width:90" value="加载文件" />
58                        <input type="hidden" name=action
59 value="loadfile" />
60                        <input type="hidden"  value="1" />
61                    </td>
62                    <td align="right" width=*></td>
63                </tr>
64            </table>
65        </form><!—标记③所处的表单止 -->
66    </body>
67 </html>
```

代码 2-1 中第 34~64 行的代码表明，代表标记为③的标签和代表标记为②的标签全部在一个 form 中，换而言之，标记为③的“加载方式”是标记为②的功能的附属选项。因此标记③的位置在图 2-15 所示页面的布局中显然是有问题的。这正会使用户产生困惑，从而影响了用户的正常操作。

图 2-15 所示的页面布局仅与应用中的一小部分数据相关，如果这个数据是针对整个应用的，那就会产生严重后果，因此对页面进行合理布局可以预防用户出现操作错误。

扩展阅读

HTML4 和 HTML5 虽然一脉相承，但是二者之间还是有一定区别的，HTML4 与 HTML5 的主要区别如下。

1. 声明区别

首先，对文件类型的声明是不同的。在 HTML 文件中，通常会在文件的开始使用 DOCTYPE 对文件的类型进行指定，告诉浏览器应当按照哪种 HTML 规范对页面进行处理，否则浏览器就会用 quirks mode 来处理页面。HTML4.01 的声明中有 3 种不同的文档类型声明，其中最常见的声明如下。

```
<!DOCTYPE html PUBLIC "-//W3C//DTD XHTML 1.0 Transitional//EN" "http://www.w 3.org/TR/xhtml1/DTD/xhtml1-transitional.dtd">
```

而 HTML5 的声明只有一种文档类型声明：

```
<!DOCTYPE html>
```

其次，对文件所使用的字体声明方式不同。在 HTML 文件中，使用 charset 对 HTML 字体进行声明，由于 HTML4 的 meta 标签没有 charset 属性，因此要采用 `<meta http-equiv="Content-Type" content="text/html; charset=utf-8" />` 的方式对 HTML 字体进行声明。

HTML5 对 HTML 字体的声明则简单、灵活了很多，既可以使用 HTML4 的声明方式，也可以利用 meta 标签的新属性 charset 进行声明，即 `<meta charset="utf-8" />`。这两种声明方式同样有效，但是不能将两种方式同时混合使用。

2. HTML5 已不支持的标签

HTML5 在制定过程中对标签进行了重新梳理，删除了 16 个标签。被删除的标签主要是一些修饰类的标签、对可用性产生负面影响的标签，以及可能造成功能混淆的标签，如表 2-1 所示。

表 2-1　HTML5 已不支持的标签

标　签	HTML4 描述	HTML5 替代
<acronym>	定义首字母缩写	使用 <abbr> 标签代替
<applet>	定义 嵌入的 applet	使用 <object> 标签代替
<basefont>	定义文档中所有文本的默认颜色、大小及字体	使用 CSS 代替

续表

标　签	HTML4 描述	HTML5 替代
<big>	定义更大号文本	使用 CSS 代替
<center>	定义居中的文本	使用 CSS 代替
<dir>	定义目录列表	使用 CSS 代替
<font>	定义规定文本的字体、大小及颜色	使用 CSS 代替
<frame>	定义子窗口（框架）	不支持
<frameset>	定义框架的集	不支持
<isindex>	定义单行的输入域	不支持
<noframes>	定义 noframe 部分	不支持
<s>	定义加删除线的文本	使用 CSS 代替
<strike>	定义加删除线的文本	使用 CSS 代替或使用 <del> 标签代替
<tt>	定义打字机文本	不支持
<u>	定义下划线文本	不支持
<xmp>	定义预格式文本	不支持

除此之外，HTML4.01 中部分标签的属性也不再被 HTML5 支持，如 H1~H6 标签中的 align 属性。在 HTML4.01 中还仅仅是不建议使用，在 HTML5 中则明确说明不再被支持。更多不再被 HTML5 支持的功能请参阅 W3C 官网中公布的技术文档。

3. HTML5 新增的标签

HTML5 作为最新的 HTML 标准，新增了图形绘制、多媒体播放、页面结构、应用程序存储、网络工作等方面的标签，如表 2-2 所示。

表 2-2　HTML5 新增的标签

标　签	描　述
<article>	定义 article
<aside>	定义页面内容之外的内容
<audio>	定义声音内容
<bdi>	定义文本的文本方向，使其脱离其周围文本的方向设置

续表

标　签	描　述
<canvas>	定义图形
<command>	定义命令按钮
<datalist>	定义下拉列表
<details>	定义元素的细节
<embed>	定义外部交互内容或插件
<figcaption>	定义 figure 元素的标题
<figure>	定义媒介内容的分组，以及它们的标题
<footer>	定义 section 或 page 的页脚
<header>	定义 section 或 page 的页眉
<hgroup>	定义有关文档中的 section 的信息
<keygen>	定义生成密钥
<mark>	定义有记号的文本
<meter>	定义预定义范围内的度量
<nav>	定义导航链接
<output>	定义输出的一些类型
<progress>	定义任何类型的任务的进度
<rp>	定义浏览器不支持 ruby 元素时，显示的内容
<rt>	定义 ruby 注释的解释
<ruby>	定义 ruby 注释
<section>	定义 section
<source>	定义媒介源
<summary>	定义 details 元素的标题
<time>	定义日期 / 时间
<track>	定义用在媒体播放器中的文本轨道
<video>	定义视频

开发者应当熟知哪些是 HTML5 已不再支持的标签、属性，哪些是 HTML5 新增的标

签、属性，以便在代码编写过程中尽量利用 HTML5 的新增标签、属性，避免自定义的脚本可能带来的安全隐患，避免在代码中同时出现基于 HTML5 与 HTML4 两个标准的标签。

在今后很长一段时间内，HTML5 将成为融媒体应用开发、信息系统制作，以及信息系统升级所使用的主要技术。由于 HTML4 标准存在了将近 20 年，很多系统都是基于此标准开发的，这些在用的系统如果运行稳定，经过长时间的验证系统是安全的，且没有新的业务需求，因此基于时间、人工成本的考虑，建议暂时不做升级处理，继续进行运维，直至系统生命周期终结。

对于新系统的开发，应该首先选用 HTML5，毕竟 HTML5 的标签、属性远比 HTML4 丰富，编写代码更加简洁，能大大提高系统的运行性能。对初学者来说，应直接从 HTML5 开始学起，而已经掌握 HTML4 编程的人员可以根据自身情况，尽快过渡到 HTML5 的开发中。

2.2.3 允许后悔原则

由于用户操作失误在所难免，因此一个功能完备的应用应该在页面上为用户提供“后悔的功能”，让用户有“后悔药”可吃。需要说明的是，提供“后悔”服务是有一定的条件和场合要求的，并不是无条件、不分场合，以及无限制的。

图 2-16 中所示的“返回”按钮是用户在页面中经常遇到的“后悔药”。一个简单的“返回”按钮就可以让用户放弃刚才的操作，这就保证了用户的误操作不会被执行，无效信息不会被录入，从而避免一些由用户操作失误带来的安全威胁。

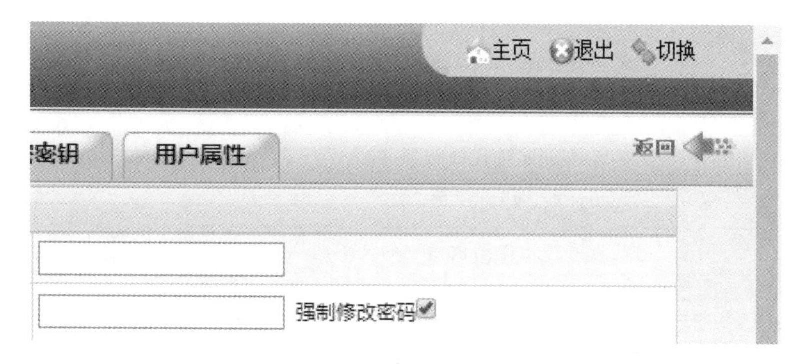

图 2-16 系统中的“返回”按钮

体现在应用的服务功能上的允许后悔原则如图 2-17~ 图 2-19 所示。图 2-17 所示的是某邮件系统的邮件撤回功能，图 2-18 和图 2-19 所示的是在微信的对话中使用撤回功能及其效果，这些应用服务功能上的后悔对用户来说是很有用的。

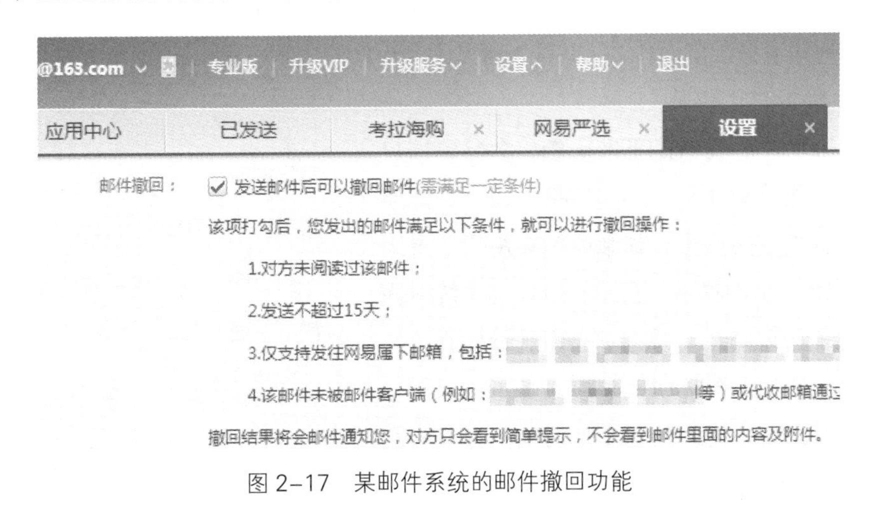

图 2-17　某邮件系统的邮件撤回功能

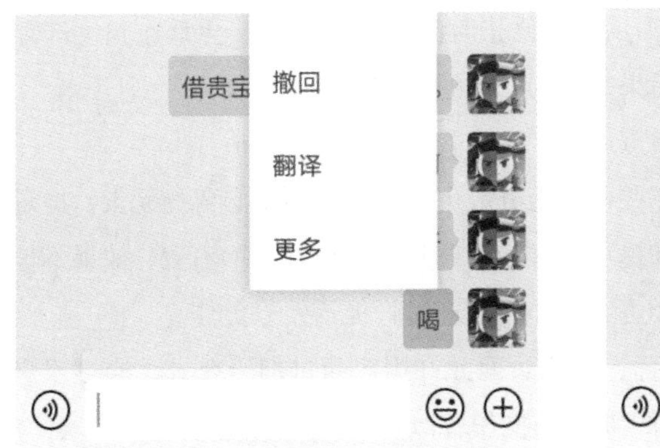

图 2-18　微信撤回功能

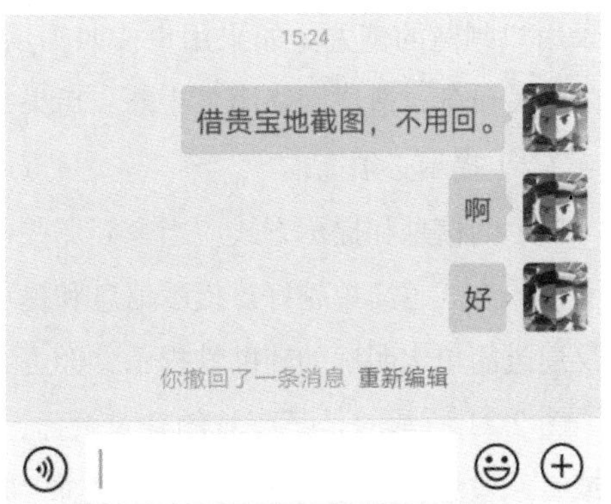

图 2-19　微信撤回功能的效果

2.2.4　输入辅助性原则

当用户在输入信息的时候，如果系统能给出适当的提示，或者给予适当的辅助输入将有助于避免或减少安全威胁的产生。

1. 辅助性提示

辅助性提示如同用户在操作过程中的引导员，其通过将关键信息提供给用户，让用户能够清楚地知道自己该做什么，以及如何去做。至于采用何种提示方式，要根据情况而定。

（1）提示必须准确

如果给用户的提示是不准确的，会导致用户对相应的操作感到迷茫，不知所措，还有可能导致用户执行极端的操作。如某应用在用户登录后出现图 2-20 所示的提示。提示中应用的系统时间明显出现了严重偏差。通过对应用进行检查后发现：应用设置的服务器时间、应用自身的时间，以及相关联的设备时间均与本地时间不存在时间差。问题产生的原因是该应用处于测试阶段，应用所使用的是测试授权（license）。而提示中的设备时间并非设备当前的时间，实际是 license 到期的时间。由于提示不准确，造成了用户判断的偏差。如果用户按照提示强行修正时间，重启设备，会牵连到生产环境中的相关设备，造成网络服务中断，后果是极为严重的。

系统时间 X

设备时间：2019-06-15 00:01:17

本地时间：2019-06-18 08:15:43

时间相差：4814 分钟

图 2–20　不明确的提示

（2）提示必须简洁

提示的信息和提示方式应当舍弃那些可能会分散用户注意力的不必要的元素，提示信息和提示方式越简单越好。提示信息和提示方式的简单并不意味着提示不清、效果不佳，相反通过简单、明确的辅助性提示，会更容易让用户理解，提示效果更佳。

图 2-21 所示的是某商城的登录页面，登录页面允许用户通过扫码登录、通过账户登录或者通过 QQ、微信等第三方认证登录，页面与操作看似复杂，但页面上的提示确实简洁、明确，不会给用户带来误解。这种设计是值得借鉴的。

需要指出的是虽然使用图 2-21 所示的二维码[①]登录非常便捷，但在使用过程中需要注

① 二维条码 / 二维码（2-Dimensional Bar Code）：用某种特定的几何图形按一定规律在二维平面上分布而形成的图形。二维码的作用是记录符号信息。对二维码信息的识别和读取主要是通过图像输入设备和光电扫描设备实现的。

意安全问题。二维码应设有时效控制，以保证登录的安全性。对二维码进行时效控制设置（见图 2-22），可以有效地避免别有用心者通过二维码提供的链接进行长时间的暴力破解。

此外，图 2-21 中最上方所示的是一行非技术性的安全提示语，虽然此提示语非常简单，并且与应用登录无关，但对应用的安全却起到了良好的保障作用。

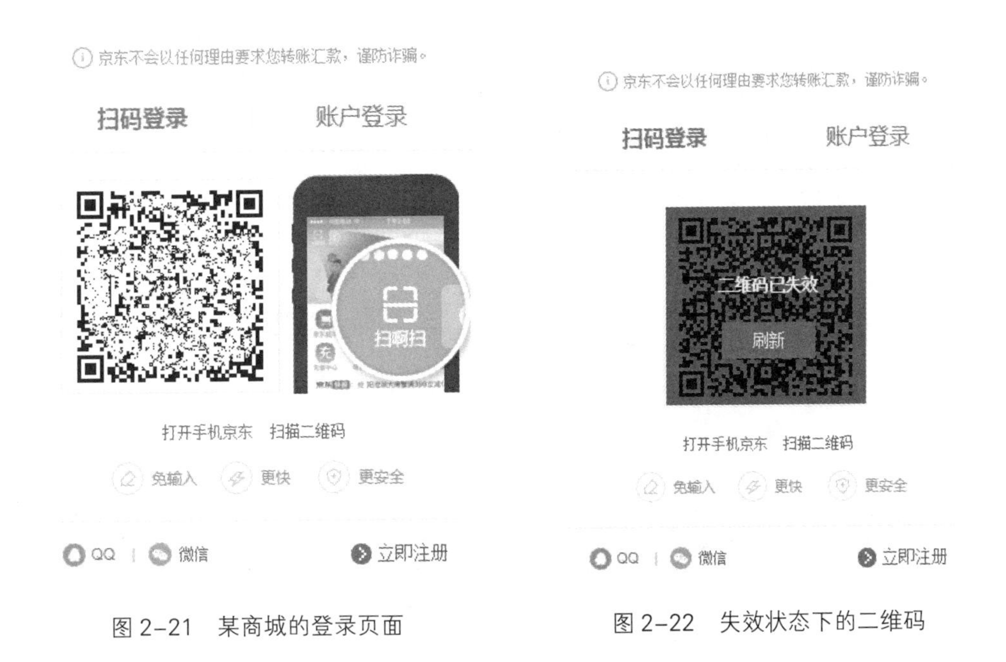

图 2-21　某商城的登录页面　　图 2-22　失效状态下的二维码

（3）提示必须及时

用户输入信息后，在提交表单之前，如果用户在输入信息的过程中出现了一些错误，应用能够及时为用户提供“输入中出现不符合规定的输入项，或者漏项”等提示信息是非常重要的。如果在用户提交后，系统才针对用户输入错误为用户提供提示信息，并要求用户重新输入信息，这种处理用户信息输入错误的方式，不论是对应用还是对用户都不是最佳的。

图 2-23 所示的是某系统的用户管理页面，页面中包含下面几类提示。

❶ 报警信息提示。利用星号提示用户当前 input 标签必须进行输入。

❷ 输入信息提示。少量的提示直接放置到 input 标签的后面，更多的提示（如“允许登

录的 IP 范围”）则通过 input 标签后面的问号来激活，反馈给用户。

❸ 强调。在用户提交表单前，信息未审核通过的情况下，用红色字体提示资料空缺或有误（如“管理员姓名不能为空”）。

图 2-23 所示的用户管理页面，虽然没有华丽的修饰，但是设计得简洁、明了，为关键信息提供了辅助性提示，可有效预防用户在输入信息的过程中出现错误操作。

图 2-23 某系统的用户管理页面

2. 辅助输入

某些电动轮椅配有一个功能：当残疾人坐在轮椅上和站着的人谈话时，坐在轮椅上的人可以通过按一个按钮让轮椅升高一些，使自己与对方的视线高度相差不要太大，能正常地与对方交谈。这就是辅助性功能给用户带来的温馨的感受。

在 H5 应用中，同样需要利用辅助输入来降低用户操作对应用安全的影响。不仅如此，辅助输入还具有节约用户的时间，提升用户体验[①]等作用。辅助输入的注意事项如下。

① 用户体验（User Experience，UE/UX）：用户在使用产品的过程中形成的一种纯主观感受。用户体验已经成为用户选择产品或服务的重要判断标准之一。

❶ 主要的按钮（一般是指比较长的页面底部的“按钮”）一定要做到醒目，使得用户能够迅速地将注意力放到该类按钮上，以避免用户的注意力被分散，进行意料之外的操作。

❷ 在用户必须填写信息的地方，设计一定要做到简洁、明确、醒目，否则必须填写的信息容易被用户忽视，容易出现用户信息填写不完整的现象，使数据完整性受到影响。

❸ 对于表单，不要让用户一次输入太多的信息，尽量削减不必要的表单项。特别是对H5移动端用户页面，在输入项或输入信息较多的情况下，应尝试着将它们分散到不同页面中。因为H5移动端用户页面空间有限，如果输入项或输入信息多，又都集中在一页中，很容易给用户造成心理负担，造成输入信息无法得到质量上的保证。

❹ 对于输入项，应用应尽量提供一些默认选项，供用户选择，以简化用户输入和验证的操作，以及加强应用的安全防护。需要注意的是，虽然默认选项对安全操作有很多好处，但切记不要滥用，如性别输入选项，提供默认选项“男”或“女”是可以被接受的，但对“是否同意网站协定”这类选项，如果默认选项为“是”就会出现问题。

❺ 用户完成了信息输入后，应用提醒用户确认的时候，将用户所输入的信息展示给用户很重要。这种展示能方便用户对其输入的信息进行最后的核对，使用户不用进行回退操作，不仅减轻了用户的负担，节省了用户的时间，对信息安全也有保障作用。

❻ 在输入信息的过程中，一些输入选项的信息可以通过对已经输入的信息进行计算等处理后得到。对于这种情况，在系统开发的时候，开发者就应当考虑为用户设计自动填写功能，以避免因用户计算失误而产生差错。

图2-24所示的是某运维审计系统的用户信息输入页面（局部）。在这个页面中，首先利用星号标注了用户必须输入信息的项目，使用户不至于因忽视而忘记填写关键信息；其次，密码输入项后面的“弱”“中”“强”提示项能够实时向用户反馈密码的安全度，使用户可以据此对密码进行设置，从而提高应用认证安全度；最后，在密码输入项后面有

一个“随机密码”选项，这个选项的作用是为用户随机自动生成强密码。对一部分用户来说，设置强密码是一件很苦恼的事，有了随机自动生成强密码功能，用户就不用绞尽脑汁去设计密码了，其不仅方便了用户，还提高了应用认证安全度。

基本信息

*用户名：	
*密码：	••••••••• ☐随机密码 弱 中 强
电子邮件：	

图 2-24　某运维审计系统的用户信息输入页面（局部）

2.2.5 保持一致原则

设计页面时应当尽量使页面风格和表现形式等保持一致。京东 App 的 3 个界面，如图 2-25 所示。

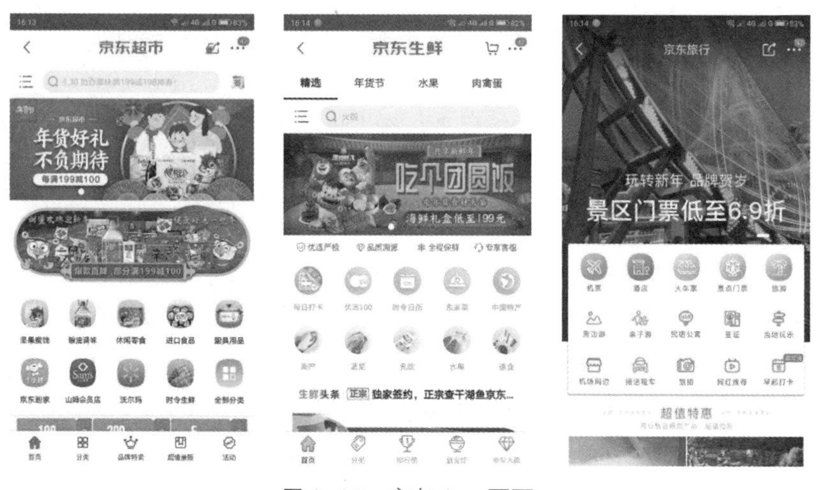

图 2-25　京东 App 页面

图 2-25 所示的 3 个页面在风格、表现形式等方面都有很强的一致性，用户无须过多地去适应页面操作方法就可对所有页面进行操作，能减少用户操作失误。

图 2-26 与图 2-27 所示的是同一个系统中的不同页面。其中，图 2-26 所示的是用表格方式设计的配置页面。页面中，表格的列与行都进行了留白，与图 2-27 所示的表格相比，显然更便于用户阅读。

图 2-26 和图 2-27 所示的页面说明，在该系统的开发过程中，开发者没有遵循保持一致原则：没有对 <table> 标签使用相同的代码，或者没有采用统一的 CSS 代码进行渲染，因此造成了这两个页面的 <table> 标签展示上的差异。 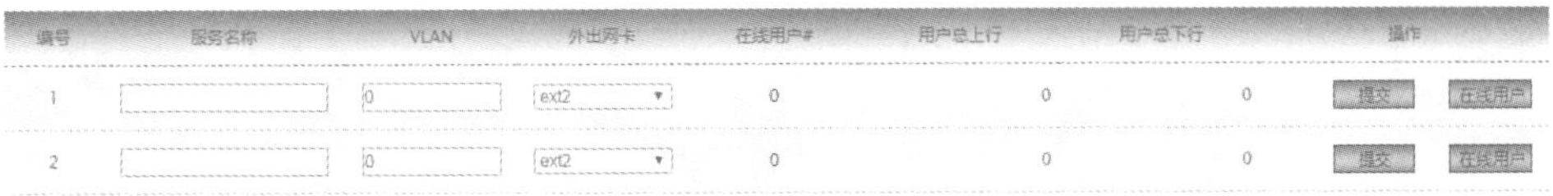

编号	服务名称	VLAN	外出网卡	在线用户#	用户总上行	用户总下行	操作
1		0	ext2	0	0	0	提交　在线用户
2		0	ext2	0	0	0	提交　在线用户

图 2–26　某系统表格显示 1 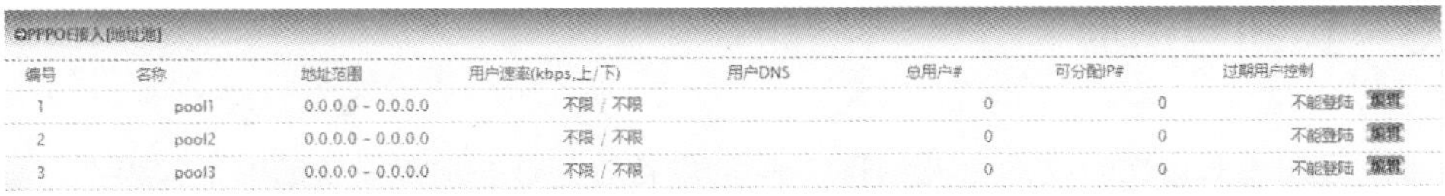

PPPOE接入[地址池]

编号	名称	地址范围	用户速率(kbps,上/下)	用户DNS	总用户#	可分配IP#	过期用户控制
1	pool1	0.0.0.0 - 0.0.0.0	不限 / 不限		0	0	不能登陆　编辑
2	pool2	0.0.0.0 - 0.0.0.0	不限 / 不限		0	0	不能登陆　编辑
3	pool3	0.0.0.0 - 0.0.0.0	不限 / 不限		0	0	不能登陆　编辑

图 2–27　某系统表格显示 2

2.2.6　普遍可用性原则

H5 应用的开发虽然在设计之初就需要对受众群体进行调研与预期，但一个新的 H5 应用被开发出来后，总会在熟练程度不同的人群之间产生不同的反馈结果。

在应用设计中要考虑对新手、专家等不同级别用户的引导、提示功能的设计。对于新手级别的用户，引导提示功能通常以“一步接一步”的方式进行，甚至在某些操作环节可设计替用户自动实现诸如数字累加、根据身份证号填写出生日期之类的功能。这样做可使用户能够轻松进行配置，同时也避免了很多新手用户因错误配置而导致出现安全问题。

在设计应用的时候也应当考虑专家用户的需求，提供更多可供选择的方式。如图 2-28 所示，路由器的设置向导提供了两种供用户选择的设置方式，当用户对界面中的选项进行选择之后，就会走上两条完全不同的配置之路：选择“是”，则会进入新手配置模式，而选择“否。我自己配置路由器。”，则会进入专家配置模式。

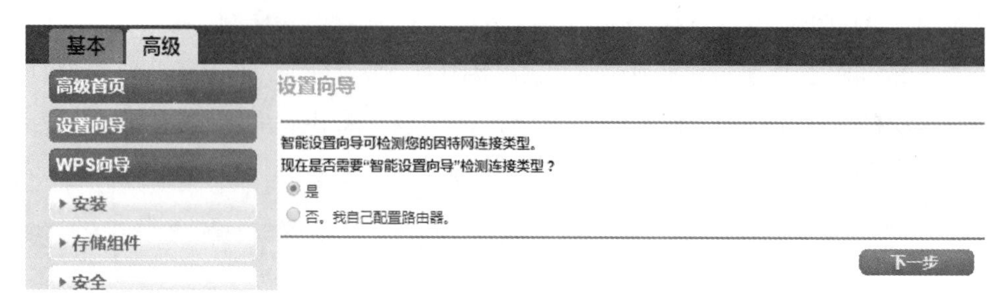

图 2-28 设置方式的选择

2.3 页面自适应

H5 应用需要适配的设备主要有 PC、移动设备等。这些适配设备的屏幕大小不一、分辨率高低不等、横 / 竖屏样式不拘。对于 H5 应用，如果只为其适配一种屏幕格式，将导致该 H5 应用在不同屏幕上的匹配出现非预期效果，因此需要采用自适应的方式进行屏幕配置。

H5 应用不仅要对不同终端设备的屏幕进行适配，还要对不同种类的浏览器进行适配。由于当前浏览器的种类众多，因此如果 H5 应用只适应一种浏览器就会造成不好的用户体验，更有可能产生安全漏洞，因此在编写代码时需要对不同屏幕和不同浏览器的适配进行考虑。

2.3.1 屏幕自适应

目前，H5 应用对显示的自适应主要体现在屏幕大小、分辨率、横 / 竖屏上。在开发中通常采用响应式对屏幕进行自适应适配。

图 2-29 为某网站主页在不同屏幕下的适配效果，其中，图 2-29（a）为 PC 端浏览器最大化方式显示，图 2-29（b）为 PC 端浏览器普通窗口方式显示，图 2-29（c）为手机横

屏方式显示，图 2-29（d）为手机竖屏方式显示。4 种显示方式下均显示正常，无版式错误现象出现。

（a）

（b）

图 2-29　某网站主页在不同屏幕下的适配效果

（c）　　　　　　　　（d）

图 2-29　某网站主页在不同屏幕下的适配效（续）

图 2-30 所示的是某应用在 PC 端浏览器最大化时的适配效果。该应用在手机横屏、手机竖屏时的适配显示都正常。但在 PC 端，通过调整浏览器普通窗口（非最大化窗口）的宽度，其适配就出现了异常，如图 2-31 所示。该 应用出现屏幕适配异常的原因是开发者在布局时没有全面考虑屏幕分辨率等问题，在 H5 应用开发过程中应当特别注意屏幕分辨率。

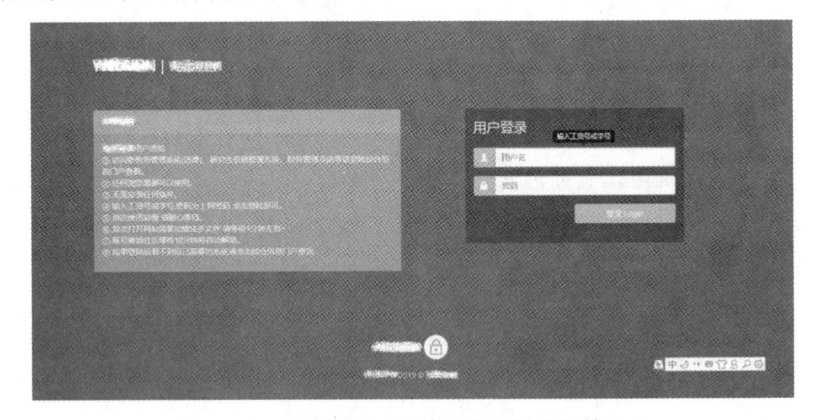

图 2-30　某应用在 PC 端浏览器的适配效果 1

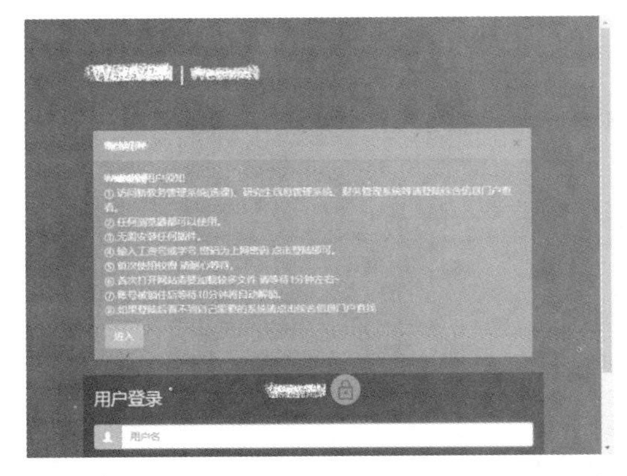

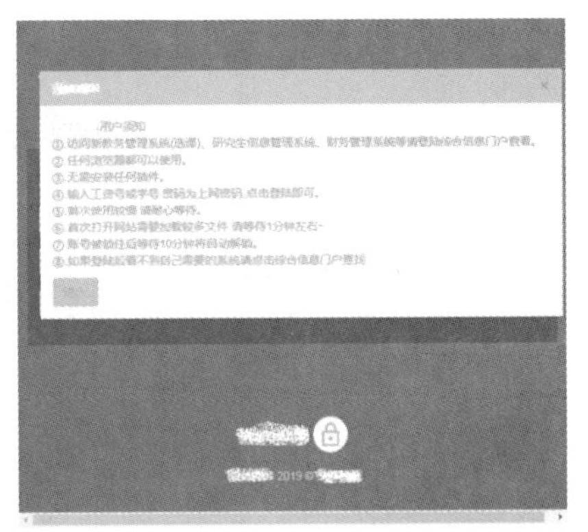

图 2-31　某应用在 PC 端浏览器的适配效果 2

2.3.2　浏览器自适应

浏览器是经常被使用的客户端程序，目前较流行的浏览器有 IE、Firefox、Chrome 及 Safari（这几种浏览器的区别主要是内核不同）。这些浏览器对 HTML5 的支持程度是不一样的：有些标签是可以被不同浏览器 100% 支持的；有些标签则是被部分浏览器支持的；还有些标签则是不被任何浏览器所支持的。因此对这些主流浏览器的了解和适配，是 H5 开发者必须要掌握的。

1. 网页显示的兼容性

分别使用 Firefox、Chrome、IE 访问同一网页时会发现，由于客户端的操作系统、浏览器不同，因此最简单和最基本的 <input> 标签的外观和长度会有差异，如图 2-32 所示。如 IE 8（中文操作系统）就无法对 placeholder 进行解析，如图 2-33 所示。

导致这些情况的原因在于不同厂商的浏览器，以及各浏览器的不同版本，对 HTML5/CSS 的支持存在差异。常见的应对方法就是针对不同浏览器进行代码适配，如图 2-34 所示。在图 2-34 所示的代码中，通过注释可以清楚地看到该页面没有简单地按照浏览器内核进行适配，而是针对搜狗浏览器、猎豹浏览器、Chrome 浏览器，以及 360 浏览器的极速浏览模式（基于 Chrome 内核）、安全浏览模式等逐一进行了适配。

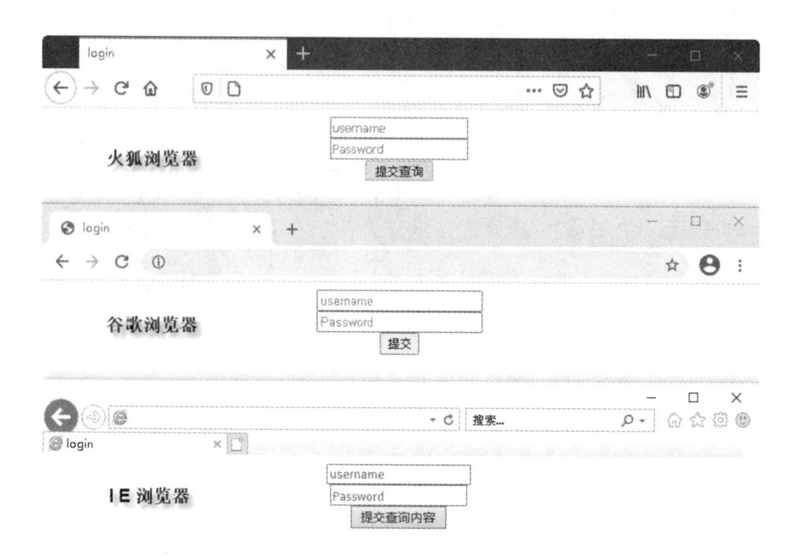

图 2-32　使用不同浏览器访问同一网页的效果

图 2-33　IE 8 访问网页的效果

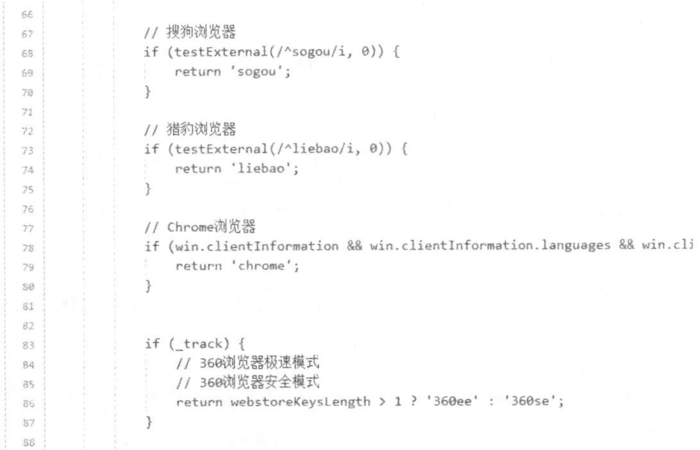

```
66
67            // 搜狗浏览器
68            if (testExternal(/^sogou/i, 0)) {
69                return 'sogou';
70            }
71
72            // 猎豹浏览器
73            if (testExternal(/^liebao/i, 0)) {
74                return 'liebao';
75            }
76
77            // Chrome浏览器
78            if (win.clientInformation && win.clientInformation.languages && win.cli
79                return 'chrome';
80            }
81
82
83            if (_track) {
84                // 360浏览器极速模式
85                // 360浏览器安全模式
86                return webstoreKeysLength > 1 ? '360ee' : '360se';
87            }
88
```

图 2-34　某网页针对不同浏览器的适配代码

目前，许多内网应用系统的客户端仍在使用 Windows 7，甚至是 Windows XP 操作系统，因此开发者所面对的 IE 会涉及从 IE 6 到 IE 11 的诸多版本。开发者就必须考虑对旧版本的 IE 进行适配的问题。基于 IE 的适配代码有很多种，这里只给出了其中的一种，如代码 2-2 所示。

代码 2-2　IE 的适配代码

```
1  <!--[if !IE]><!--> 除 IE 外都可识别（不是 IE） <!--<![endif]-->
2  <!--[if IE]> 所有的 IE 可识别 <![endif]-->
3  <!--[if IE 6]> 仅 IE 6 可识别 <![endif]-->
4  <!--[if lt IE 6]> IE 6 以及 IE 6 以下版本可识别 <![endif]-->
5  <!--[if gte IE 6]> IE 6 以及 IE 6 以上版本可识别 <![endif]-->
6  <!--[if IE 7]> 仅 IE 7 可识别 <![endif]-->
7  <!--[if lt IE 7]> IE 7 以及 IE 7 以下版本可识别 <![endif]-->
8  <!--[if gte IE 7]> IE 7 以及 IE 7 以上版本可识别 <![endif]-->
9  <!--[if IE 8]> 仅 IE 8 可识别 <![endif]-->
10 <!--[if IE 9]> 仅 IE 9 可识别 <![endif]-->
```

利用浏览器厂商的前缀可表现出不同的显示效果，但是这种方法需要谨慎采用。其原因在于：随着 HTML5 标准的确定，各种浏览器会逐步减少对前缀方式的支持，只有在迫不得已的情况下，才能采用这样的方法，毕竟减少代码数量，也就相应地减小了代码出错的概率。

厂商对浏览器进行版本升级后，浏览器对 H5 应用的支持会产生变化。开发者应及时了解浏览器对 HTML5/CSS 支持的变化。

网站的开发者在进行网页设计，尤其是在使用 HTML5/CSS 支持的一些属性、新增的效果或新增标签的时候，一定要根据应用的用户群体特点，以及这些用户所使用的主流操作系统和浏览器的偏好进行有针对性的设计。当需要快速查看浏览器的支持程度时，可以借助第三方工具进行测试，如使用在线兼容性检查工具对某网站的兼容性进行测试，结果如图 2-35 所示。

从图 2-35 可以看出：不同浏览器对同一网站的显示效果是不同的。通常，测试结果中需要标明浏览器的版本、操作系统的版本，以及设备的名称等。开发者可以通过显示的图片来确定网页是否达到了预期的显示效果。如果测试结果不能满足应用要求，就需要进行有针对性的修改，如采用增加厂商前缀的方法来解决未达到预期效果的问题。如果通过增加厂商前缀的方法也不能满足要求，就需要通过编程方式解决。

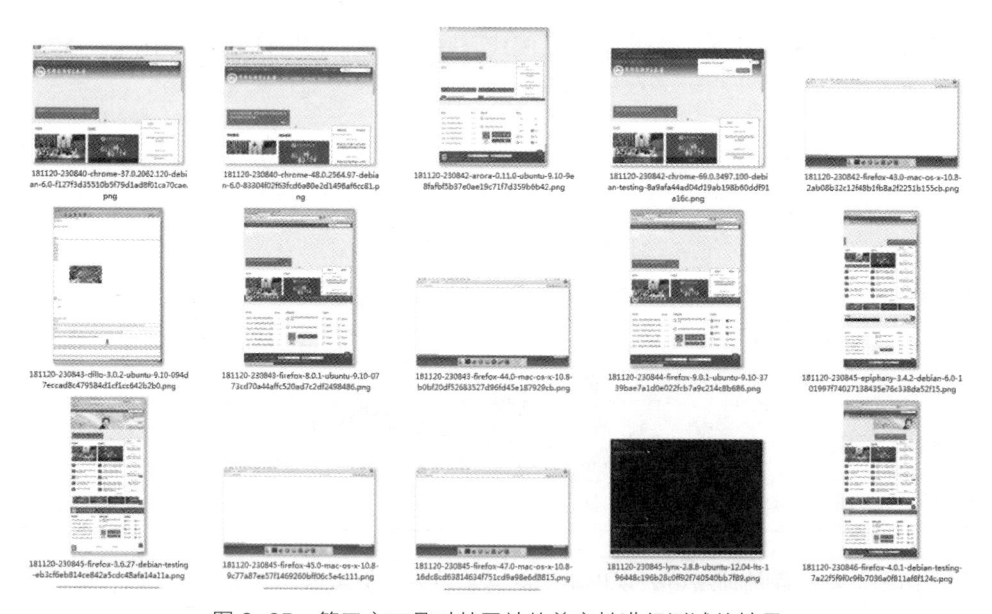

图 2–35　第三方工具对某网站的兼容性进行测试的结果

思考与提示

网络上有很多关于代码核查、实现效果及安全检测的免费第三方工具。开发者可以使用这些工具，但在使用过程中需要注意信息泄露等安全问题。

2. 网页标签功能支持的兼容性

在 1.2.3 小节的代码 1-4 中，<input> 标签的 type 属性值为 email 的验证，看上去似乎已经解决了特殊字符注入、非邮箱地址输入的问题。但如果适配旧版本的 IE，或旧版本的 Safari 浏览器的时候，会因这些版本的浏览器并不支持 email 这个新的 type 属性值，导致 email 值被当作常规的文本域进行处理，使用户输入的信息无法依靠 email 这个 type 属性值进行验证。因此，在适配这样的浏览器时，建议使用 JavaScript 代码 `"var x=document.getElementById("uid").name;"` 来获取用户所输入的 email 值，并通过正则表达式验证加以解决（所有的浏览器都支持 name 属性）。

思考与提示

在当前 HTML5 标准未被所有浏览器厂商全面支持的情况下，开发者在代码开发过程中需要仔细查看代码所涉及的标签、属性、值的兼容性与支持程度，这样才能有效避免安全漏洞的形成。

2.3.3　页面自适应

使用 H5 设计制作的网页应当能同时支持 PC 端浏览器和移动端浏览器。其中，PC 端的显示方式一般是横屏，移动端的显示方式包括竖屏、横屏两种。

显示方式的设计除了要考虑设备的特点，还要根据用户提供的信息特点和用户的阅读特点进行设计，以文字显示页面设计为例：当针对竖屏显示设计的时候，文章尽量不要分栏，采用一栏从上往下显示即可；当针对横屏显示方式设计时，可充分利用屏幕的宽度进行分栏显示，避免出现用户由于在一行中阅读了太多的信息而产生疲倦感的情况。图 2-36 所示的是手机浏览器对一段文字的横屏适配显示效果，图 2-37 所示的则是手机浏览器竖屏适配的显示效果。

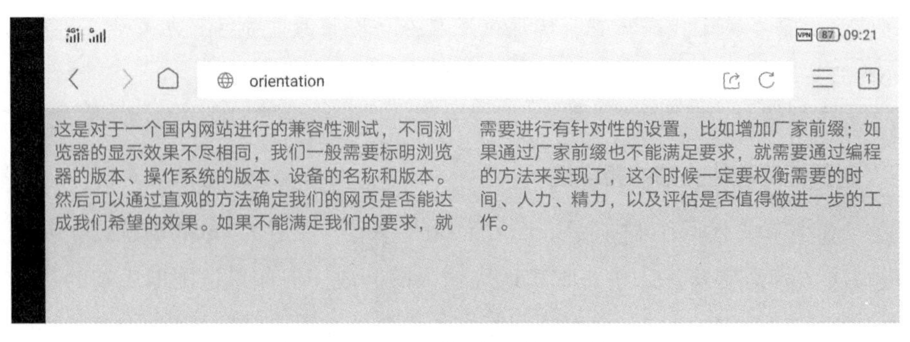
orientation
09:21
这是对于一个国内网站进行的兼容性测试，不同浏览器的显示效果不尽相同，我们一般需要标明浏览器的版本、操作系统的版本、设备的名称和版本。然后可以通过直观的方法确定我们的网页是否能达成我们希望的效果。如果不能满足我们的要求，就需要进行有针对性的设置，比如增加厂家前缀；如果通过厂家前缀也不能满足要求，就需要通过编程的方法来实现了，这个时候一定要权衡需要的时间、人力、精力，以及评估是否值得做进一步的工作。

图 2-36　手机横屏适配显示效果

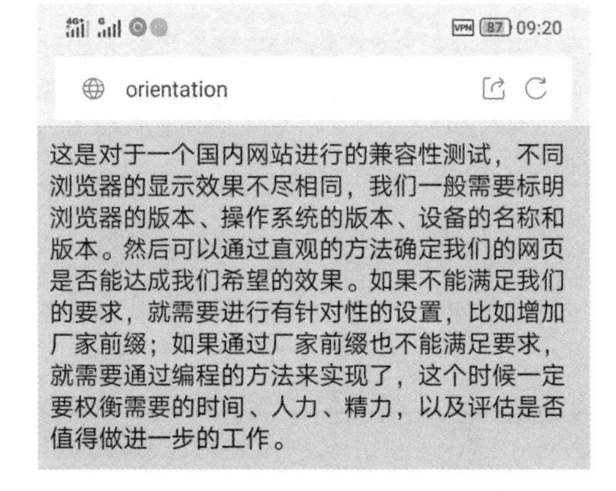
09:20
orientation
这是对于一个国内网站进行的兼容性测试，不同浏览器的显示效果不尽相同，我们一般需要标明浏览器的版本、操作系统的版本、设备的名称和版本。然后可以通过直观的方法确定我们的网页是否能达成我们希望的效果。如果不能满足我们的要求，就需要进行有针对性的设置，比如增加厂家前缀；如果通过厂家前缀也不能满足要求，就需要通过编程的方法来实现了，这个时候一定要权衡需要的时间、人力、精力，以及评估是否值得做进一步的工作。

图 2-37　手机竖屏适配显示效果

对于同一段文字，在支持 HTML5/CSS 的同一款浏览器的页面中，实现屏幕方向变化的自适应不需要进行特别的编程，只需要进行设置即可，如代码 2-3 所示。代码 2-3 的功能就是实现在移动设备中的页面横屏、竖屏自适应。

代码 2-3

```
1  <!DOCTYPE html>
2  <html>
3      <head>
4          <meta charset="utf-8" />
```

```
5          <meta name="viewport" content="width=device-width,
6  initial-scale=1.0, user-scalable=no, minimum-scale=1.0, maximum-
7  scale=1.0" />
8          <meta http-equiv="X-UA-Compatible" content="ie=edge" />
9          <title>orientation</title>
10         <style>
11             @media screen and (orientation: portrait) {// 竖屏
12                 body {
13                     color: black;
14                     columns: 1;
15                 }
16             }
17             @media screen and (orientation: landscape) {// 横屏
18                 body {
19                     color: green;
20                     columns: 2;
21                 }
22             }
23         </style>
24     </head>
25     <body>
26         这是对于一个国内网站进行的兼容性测试，不同浏览器的显示效果不尽相同，我
27 们一般需要标明浏览器的版本、操作系统的版本、设备的名称和版本。然后可以通过直观的
28 方法确定我们的网页是否能达成我们希望的效果。如果不能满足我们的要求，就需要进行有
29 针对性的设置，比如增加厂家前缀；如果通过厂家前缀也不能满足要求，就需要通过编程的
30 方法来实现了，这个时候一定要权衡需要的时间、人力、精力，以及评估是否值得做进一步
31 的工作。
32     </body>
33 </html>
```

代码 2-3 中的第 11~22 行的功能是通过 CSS 代码对屏幕进行设置，其中 @media screen and (orientation: portrait) 是竖屏的显示效果设置，而 @media screen and (orientation: landscape) 则是横屏的显示效果设置。CSS 代码中，@media 用于规定被链接文档将显示在什么设备上，screen 指的是终端设备的屏幕。@media 还可以设置成 handheld、print 等其他方式。

代码 2-3 编写的页面的显示效果不仅适用于移动端（如手机），也同样适合 PC 端。当对浏览器窗口的宽度进行调整后，页面显示效果分别如图 2-38 和图 2-39 所示。

orientation
这是对于一个国内网站进行的兼容性测试，不同浏览器的显示效果不尽相同，我们一般需要标明浏览器的版本、操作系统的版本、设备的名称和版本。然后可以通过直观的方法确定我们的网页是否能达成我们希望的效果。如果不能满足我们的要求，就需要进行有针对性的设置，比如增加厂家前缀；如果通过厂家前缀也不能满足要求，就需要通过编程的方法来实现了，这个时候一定要权衡需要的时间、人力、精力，以及评估是否值得做进一步的工作。

图 2-38　代码 2-3 编写的页面的横屏显示效果

根据浏览器显示宽度自动匹配页面显示模式的传统方法，是在获取浏览器显示变化的事件（window.resize）后，利用 JavaScript 代码实现。代码 2-3 中，除使用了 CSS 代码之外，页面并没有做任何特殊的设置，也没有使用 JavaScript 进行编程。其原因在于万维网联盟（World Wide Web Consortium,W3C) 已经根据技术的发展，在 HTML5 中提供了新的标签——meta。浏览器根据对页面的配置，针对不同的设备自动配置显示模式。配置语句为 <meta name="viewport" content="width=device-width, initial-scale=1.0,user-scalable=no, minimum-scale=1.0, maximum-scale=1.0" />。其内容说明如表 2-3 所示。

orientation
127.0.0.1/02/2-3.html
这是对于一个国内网站进行的兼容性测试，不同浏览器的显示效果不尽相同，我们一般需要标明浏览器的版本、操作系统的版本、设备的名称和版本。然后可以通过直观的方法确定我们的网页是否能达成我们希望的效果。如果不能满足我们的要求，就需要进行有针对性的设置，比如增加厂家前缀；如果通过厂家前缀也不能满足要求，就需要通过编程的方法来实现了，这个时候一定要权衡需要的时间、人力、精力，以及评估是否值得做进一步的工作。

图 2-39　代码 2-3 编写的页面的竖屏显示效果

表 2-3　代码 2-3 中 meta 标签的内容说明

内　容	说　明
`name="viewport"`	告知浏览器这个针对的是视点
`width=device-width`	告知浏览器这个宽度是设备宽度
`initial-scale=1.0`	告知浏览器页面载入时的缩放比例（1.0 表示原始尺寸）
`user-scalable=no`	决定了是否允许用户对页面进行缩放处理（no 表示不允许，yes 表示允许）
`minimum-scale=1.0, maximum-scale=1.0`	允许用户的缩放比例设置（最小是 0.25，最大是 10）

通过表 2-3 可知，无须进行 JavaScript 编程，就可以完成适配屏幕大小和方向的显示设计，也避免了使用 JavaScript 代码进行开发有可能引出的安全问题。

2.4　易用的表格

在前端页面中，最常见的输入方式之一是将输入设计成表格（通过 <table> 标签实现）形式。表格设计得合理，可以使用户输入、阅读信息变得顺畅，减小用户误操作的概率，从而增强应用的安全性。

2.4.1　表格设计对阅读的影响

在页面中，设计不周全的表格容易使用户在阅读资料的时候产生错行阅读、误读等问题，继而影响用户后续的操作，出现误操作情况，还有可能给应用带来安全问题。设计周全的表格则能在一定程度上避免误读、误操作等现象的发生。

图 2-40 所示的页面中，虚拟股票交易数据是通过没有修饰的标准 <table> 标签来展示的（源代码见代码 2-4）。用户在阅读这样的表格时，很容易出现错行、串行阅读的现象。如果用户获取的信息发生了偏差，那么在对信息进一步处理时就会出现“谬之千里”的情况。可以试想一下，如果图 2-40 所示的表格的最后一列不是“成交时间”，而是用于股票交易的按钮，一旦操作出现失误，那么后果将是非常严重的。

虚拟股票交易数据

股票代码	成交价格	成交金额	成交量	成交时间
123456	99.99	9999.00	1	19:35:00
123456	90.99	909900.00	100	19:34:27
123456	100.99	1009900.00	100	19:34:25
123456	90.99	909900.00	100	19:34:00

图 2-40　代码 2-4 编写的页面的显示效果

代码 2-4

```
1  <!DOCTYPE html>
2  <html>
3      <head>
4          <meta charset=="utf-8" />
5          <title>table</title>
6      </head>
7      <body>
8          <table width="90%" class="table">
9              <caption>
10                 <h2> 虚拟股票交易数据 </h2>
11             </caption>
12             <thead>
13                 <tr>
14                     <th> 股票代码 </th>
15                     <th> 成交价格 </th>
16                     <th> 成交金额 </th>
17                     <th> 成交量 </th>
18                     <th> 成交时间 </th>
19                 </tr>
20             </thead>
21             <tr>
22                 <td>123456</td>
23                 <td>99.99</td>
24                 <td>9999.00</td>
25                 <td>1</td>
26                 <td>19:35:00</td>
27             </tr>
28             <tr>
```

```
29                  <td>123456</td>
30                  <td>90.99</td>
31                  <td>909900.00</td>
32                  <td>100</td>
33                  <td>19:34:27</td>
34              </tr>
35              <tr>
36                  <td>123456</td>
37                  <td>100.99</td>
38                  <td>1009900.00</td>
39                  <td>100</td>
40                  <td>19:34:25</td>
41              </tr>
42              <tr>
43                  <td>123456</td>
44                  <td>90.99</td>
45                  <td>909900.00</td>
46                  <td>100</td>
47                  <td>19:34:00</td>
48              </tr>
49          </table>
50      </body>
51  </html>
```

为解决代码 2-4 编写的页面容易使用户出现错行、串行阅读的现象，对代码 2-4 进行改进，即在代码 2-4 的第 4 行和第 5 行代码之间插入了如下代码。

```
<link rel="stylesheet" type="text/css" href="..\css\200.css"/>
```

改进后的代码为代码 2-5。由于代码 2-5 与代码 2-4 相近，因此文中仅对差别进行说明，未列出代码 2-5。读者可在配书资源中获取代码 2-5。

插入的代码的作用是对 <table> 标签进行修饰，以避免错行、串行阅读现象的出现。修饰相关的 CSS 代码如代码 2-6 所示。

代码 2–6

```
1  Table
2  {
3          border-collapse: collapse;
```

```
4          margin: 0 auto;
5          text-align: center;
6  }
7  table td, table th
8  {
9      border: 1px solid #CAD9EA;
10     color: #666;
11     height: 30px;
12 }
13 table thead th
14 {
15     background-color: #CCE8EB;
16     width: 100px;
17 }
18 table tr:nth-child(odd)
19 {
20     background: #FFF;
21 }
22 table tr:nth-child(even)
23 {
24     background: #F5FAFA;
25 }
```

代码 2-5 的运行效果如图 2-41 所示。显然，用户阅读图 2-41 所示的表格的感受明显优于阅读图 2-40。首先，表格有了边框，通过边框对表格数据进行了分割，减少了用户在阅读时出现错行、串行阅读的现象；其次，利用颜色对表格的表头、行内容进行区分，使数据区与标题区之间有明显的区别。另外，数据区内各行之间的颜色交替变换，减弱了用户阅读的疲劳感。

虚拟股票交易数据

股票代码	成交价格	成交金额	成交量	成交时间
123456	99.99	9999.00	1	19:35:00
123456	90.99	909900.00	100	19:34:27
123456	100.99	1009900.00	100	19:34:25
123456	90.99	909900.00	100	19:34:00

图 2-41　代码 2-5 编写的页面的显示效果

尽管经过修饰后，表格的可读性得到了提升，但没有实现将正在阅读的数据与其他数据明显区别开的效果。更好的表格阅读效果设置如代码 2-7 所示。

代码 2-7

```
1  <!DOCTYPE html>
2  <html>
3      <head>
4          <meta charset=="utf-8" />
5          <title>table</title>
6          <link href="../css/bootstrap.min.css" rel="stylesheet"
7  type="text/css" />
8          <script src="../js/bootstrap.min.js.min.js"></script><!—第
9  三方代码引入 -->
10     </head>
11     <body>
12         <div class="bs-example" data-example-id="hoverable-table">
13             <caption>
14                 <h2> 虚拟股票交易数据 </h2>
15             </caption>
16             <table class="table table-hover">
17                 <thead>
18                     <tr>
19                         <th> 股票代码 </th>
20                         <th> 成交价格 </th>
21                         <th> 成交金额 </th>
22                         <th> 成交量 </th>
23                         <th> 成交时间 </th>
24                     </tr>
25                 </thead>
26                 <tr>
27                     <td>123456</td>
28                     <td>99.99</td>
29                     <td>9999.00</td>
30                     <td>1</td>
31                     <td>19:35:00</td>
32                 </tr>
33                 <tr>
34                     <td>123456</td>
35                     <td>90.99</td>
```

```
36                          <td>909900.00</td>
37                          <td>100</td>
38                          <td>19:34:27</td>
39                      </tr>
40                      <tr>
41                          <td>123456</td>
42                          <td>100.99</td>
43                          <td>1009900.00</td>
44                          <td>100</td>
45                          <td>19:34:25</td>
46                      </tr>
47                      <tr>
48                          <td>123456</td>
49                          <td>90.99</td>
50                          <td>909900.00</td>
51                          <td>100</td>
52                          <td>19:34:00</td>
53                      </tr>
54                  </table>
55              </div>
56      </body>
57  </html>
```

代码 2-7 中第 6~7 行代码利用 CSS 文件对 <table> 标签进行修饰；代码 2-7 的第 8 行调用了代码 `<script src="../js/bootstrap.min.js.min.js"></script>`。其中 `bootstrap.min.css` 与 `bootstrap.min.js.min.js` 这两个文件不是由开发者自己开发的，是引用的第三方（BootStrap）代码。

BootStrap 是基于 HTML、CSS、JavaScript 的前端开发框架，其提供了一套风格统一的 HTML 代码和 CSS 代码，使 Web 开发变得非常方便和快捷。

在代码 2-7 中引用了 BootStrap 代码之后，通过代码 `<table class="table table-hover">`，`.table-hover`，可以让 <tbody> 中的每一行对鼠标指针悬停状态做出响应，从而实现突出显示正在阅读的信息的效果，如图 2-42 所示。

股票代码	成交价格	成交金额	成交量	成交时间
123456	99.99	9999.00	1	19:35:00
123456	90.99	909900.00	100	19:34:27
123456	100.99	1009900.00	100	19:34:25
123456	90.99	909900.00	100	19:34:00

图 2-42 代码 2-7 编写的页面的显示效果

2.4.2 第三方代码的安全

目前，第三方组件 / 控件 / 插件 / 框架已经被大规模地使用，由于它们是由代码组成的，因此就可能含有安全漏洞，甚至有些第三方代码本身就是为非法攻击各种应用而编写的。对开发者来说，选择第三方代码将会使应用存在如下几方面的安全挑战。

❶ 如果没有对第三方代码进行过安全评估，就不能确定该第三方代码是否会给应用带来安全问题。

❷ 由于第三方代码也在不断升级，以至于同一个第三方代码存有多个版本。开发者要关注哪些版本有安全漏洞，并对自己制作的应用是否会受其波及进行评估。

❸ 当第三方代码中的新漏洞被公布出来之后，开发者需要和别有用心者展开赛跑，抢在攻击发生之前对应用进行修整。

❹ 当第三方代码的开发者给出漏洞解决方案后，开发者要判断漏洞修复后的第三方代码是否会出现与现在运行的应用不兼容的情况。这是由于第三方代码的漏洞被修复后，有可能对应用运行产生负面影响。

❺ 当遇到第三方代码的新漏洞频发、第三方代码的开发者不再提供修复漏洞的方法，又或者从技术上无法修复漏洞的情况时，开发者是否有决心对第三方代码进行更换，关系着应用的安全。

开发者在选择第三方代码时，除自身应具有软件安全防护处理能力和一定的防护经验之外，还建议对第三方代码进行如下操作：

❶ 对第三方代码进行代码解读，并利用工具对第三方代码进行测试和初步的安全评估；

❷ 对第三方代码进行安全隐患追踪；

❸ 对第三方代码的开发者及其背景进行调研。

第 2 篇

“宫门倒”的秘密——通信安全防护

珍邮“宫门倒”是民国初期发行的一枚错票，存世稀少。电视剧《风筝》以此作为潜伏最深的特工“影子”的接头信物。用这样稀少的珍邮作为接头信物的可靠程度远比其他电视剧里的那些半张钞票之类的要高得多。

H5 应用的安全也是一样。对超文本传输协议（Hyper Text Transfer Protocol，HTTP）、超文本传输安全协议（Hyper Text Transfer Protocol Secure，HTTPS）或者 WebSocket 通信来说，如果没有相应的 cookie、session 等作为保障，就无法对用户的身份进行识别，后果将不堪设想。虽然网络没有谍战片中的血雨腥风，但通信若被别有用心者截获，损失也会非常惨重。

第 3 章

H5 通信交互

本章主要介绍的内容是 H5 通信交互的安全知识和技术，其中介绍的通信交互特指系统的前端与服务器之间的通信交互，而不是人、机之间的输入/输出交互。对通信交互来说，在安全防护工作中稍有不慎就有可能被别有用心者抓住漏洞，并加以利用。本章的目的是使读者对通信交互中的安全问题有所了解，并学以致用。本章主要内容如图 3-1 所示。

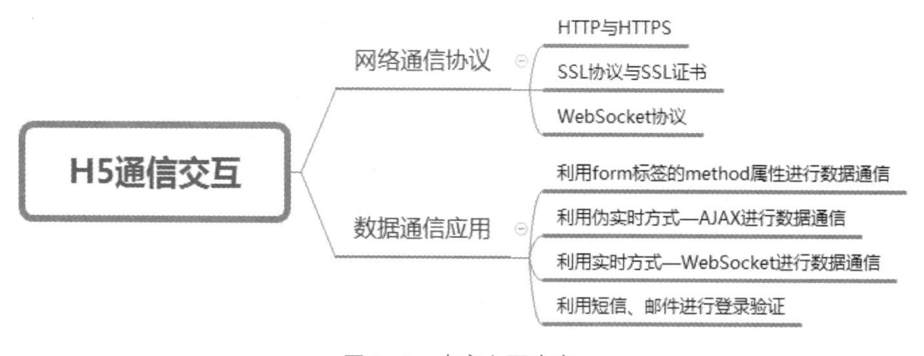

图 3-1　本章主要内容

3.1　网络通信协议

用于 H5 通信的主要协议包括工作在应用层的 HTTP、HTTPS，以及 WebSocket 协议。

3.1.1 HTTP与HTTPS

HTTP是属于应用层的面向对象的协议，适用于分布式超媒体信息系统。从1990年诞生至今，HTTP经过多年的使用与发展，其在互联网领域中被大量使用，目前使用较广泛的是HTTP/1.1，其具有如下特点。

❶ 支持客户端/服务器模式。

❷ 简单、快速。当客户端向服务器请求服务时，只需传送请求方法和路径即可。由于HTTP简单，因此使用HTTP的服务器的程序规模小，通信速度很快。常用的HTTP请求方法有GET、HEAD、POST等，每种方法都规定了客户端与服务器联系的类型。

❸ 灵活。HTTP允许传输任意类型的数据对象。正在传输的数据对象类型使用Content-Type加以标记。

❹ 无连接。无连接是指HTTP限制每次连接时只处理一个请求。当服务器对客户端的请求处理完成，并收到客户端的应答后，服务器随即断开与客户端之间的连接。采用这种方式的好处在于可以节省传输时间。

❺ 无状态。HTTP是无状态协议。无状态是指协议对事务处理没有记忆能力。无状态意味着当后续处理需要前面的信息时，必须重传刚才的信息，这会导致每次连接传送的数据量增大，使HTTP请求的响应速度变慢。当服务器不需要先前的信息时，HTTP请求的响应速度就会快一些。

HTTP请求分为以下几个步骤。

（1）建立客户端与服务器的TCP连接

建立客户端（浏览器）与服务器的TCP连接的过程采用的是传输控制协议/互联网协议（Transmission Control Protocol/Internet Protocol，TCP/IP），而HTTP是比TCP层次更高的应用层协议，因此在浏览器的调试器上不会有此连接过程的痕迹。

（2）浏览器向服务器发送请求命令

建立起TCP连接后，浏览器就会向服务器发送请求命令，如GET 03/c301.html HTTP/1.1。

（3）浏览器发送请求头信息

浏览器发送其请求命令之后，还要以头信息的形式向服务器发送一些别的信息，之后浏览器会发送一个空白行来通知服务器，表明它已经结束了该头信息的发送。

（4）服务器应答

浏览器向服务器发出请求后，服务器会向客户端回送应答，如 HTTP/1.1 200 OK。

（5）服务器发送应答头信息

服务器在应答时向浏览器发送应答的头信息和被请求的文档。

（6）服务器向浏览器发送数据

服务器向浏览器发送头信息后，HTTP 会发送一个空白行来表示头信息发送到此就结束，接着 HTTP 以 Content-Type 应答头信息所描述的格式发送用户所请求的实际数据。

（7）服务器关闭 TCP 连接

通常情况下，一旦服务器向浏览器发送了请求数据，HTTP 就会关闭 TCP 连接，但如果浏览器或者服务器在其头信息中加入了代码 Connection:keep-alive，TCP 连接在发送后就会仍然保持打开状态，浏览器可以继续通过相同的连接发送请求。保持连接节省了为每个请求建立新连接所需的时间，并且节约了网络带宽。

以前，网站大多数是使用 HTTP 进行访问的。而今，越来越多的网站开始使用 HTTPS 进行访问。其原因在于：

❶ HTTP 通信使用明文（不加密），信息可能会被窃听；

❷ HTTP 不验证通信方的身份，有可能遭遇伪装；

❸ HTTP 无法证明报文的完整性，信息有可能被篡改。

此外，等级保护制度对应用系统采用密码技术和保证通信过程中数据的完整性和保密性提出要求，这也是 HTTPS 成了首选协议的原因。

HTTPS 在安全加密、数据完整性以及数据真实性等方面有很好的解决办法：首先，服务器通过国际上具有资格的授权机构获取自己的唯一证书（私有），将所获取的证书布置好之后，生成一套可以发布给外部使用的证书（公有）；然后，用户访问网站的时候，浏览器自动下载公有证书，并安装到本地。服务器与浏览器每次进行 HTTPS 通信的时候，都需经过以下主要步骤才能实现它们之间的数据交换：

❶ 浏览器通过公有证书加密，并向服务器申请服务（默认端口是 443），发送数据；

❷ 服务器通过本地私有证书解密，并进行处理；

❸ 服务器将处理结果通过私有证书加密，并返回给浏览器；

❹　浏览器通过本地公有证书解密，在浏览器中做后续工作；

❺　完成通信，结束通信。

HTTPS 交互过程中需要注意的是服务器和浏览器端保存的证书内所含的密钥是不同的，这是因为 HTTPS 通信通常所采用的是非对称的加密 / 解密方式。简单来说，用私钥进行加密的数据只能通过公钥进行解密，用公钥加密的数据只能通过私钥进行解密。

HTTPS 的安全是由 SSL 协议提供保障的。

3.1.2　SSL 协议与 SSL 证书

安全套接层（Secure Sockets Layer，SSL）协议是一种为网络通信安全和数据完整性提供保障的安全协议，其主要作用是使所有信息都是在加密之后传输，防止网络窃听和篡改，同时确保数据发送到正确的客户端和服务器。

安全传输层（Transport Layer Security，TLS）协议虽然对网络通信提供了安全防护，但如果配置不当，也会产生安全问题。开发者应当从以下几个方面加以注意。

1. SSL 证书的获取与使用

数字证书是由证书颁发机构（Certificate Authority，CA）发行的一种电子文档，是一串能够表明网络用户身份信息的数字。数字证书如同大家所拥有的身份证一样，是其所有者在电子商务活动中的身份凭证，因此数字证书又称为数字标识。

SSL 证书是数字证书的一种，是 SSL 协议的重要组成部分。SSL 证书能够告知用户，其所访问的网站是否真实、可信。基于最小化权限原则，不推荐使用通配符证书。

通常，SSL 证书有 3 种获取方法。

（1）自签名 SSL 证书

自签名 SSL 证书是自己为自己颁发的证书。由于自签名 SSL 证书无法取得 WebTrust 的认证，用户在访问自签名 SSL 证书服务器时，浏览器会提示该证书不是经过认证授权机构发布的证书，并询问是否仍继续访问网站。在生产环境中如果使用了非认证证书（如自签名 SSL 证书），会导致中间人攻击的发生。

扩展阅读

中间人攻击（Man-in-the-Middle Attack, MITM）是一种网络入侵手段，它是指在通信的双方却毫不知情的情况下，通过会话劫持、代理服务器、域名系统（Domain Name System，DNS）欺骗等方法拦截正常的网络通信数据，并对数据进行篡改和嗅探（窃取）。

自签名 SSL 证书可以在开发环境中使用，但不推荐应用于生产环境，创建自签名 SSL 证书的步骤如代码 3-1 所示。

代码 3-1

```
1  # 建立服务器私钥，设置口令（* 代表口令），生成 RSA 密钥
2  openssl genrsa -des3 -out server.key 2048
3  Enter pass phrase for server.key: ********
4  Verifying - Enter pass phrase for server.key: ********
5  # 生成一个证书请求
6  openssl req -new -key server.key -out server.csr
7  Enter pass phrase for server.key: ********
8  # 国家
9  Country Name (2 letter code) [XX]: CN
10 # 区域或省份
11 State or Province Name (full name) []: BEIJING
12 # 地区局部名字
13 Locality Name (eg, city) [Default City]: BEIJING
14 # 机构名称：公司名称
15 Organization Name (eg, company) [Default Company Ltd]: Uint Co.,Ltd
16 # 组织单位名称：部门名称
17 Organizational Unit Name (eg, section) []: Unit
18 # 网站域名
19 Common Name (eg, your name or your server's hostname) []: unit.com
20 # 邮箱地址
21 Email Address []: xxxxxx@xxx.com
22 # 输入一个口令
23 A challenge password []:
24 # 一个可选的公司名称
25 An optional company name []:
26 cp server.key server.key.org
27 openssl rsa -in server.key.org -out server.key
28 Enter pass phrase for server.key.org: ********
```

```
29 openssl x509 -req -days 365 -in server.csr -signkey server.key -out
30 server.crt
```

（2）申请免费SSL证书

大多数SSL证书都需要按年付费，而且价格不菲。大多数情况下，很多小型公司、创业团队或个人开发者不愿意承担这笔费用，可以申请免费SSL证书。国内主要的免费SSL证书有阿里云Symantec DV SSL证书（免费版）、腾讯云DV SSL证书及西部数码免费DV SSL证书等。

免费SSL证书生成的方法适用于有网络访问的个人网站和小微网站。由于免费SSL证书不是由自己生成的，而是向提供免费SSL证书的发证认证机构申请而来的，因此访问拥有免费SSL证书的网站时，浏览器通常不会出现证书不可信的提示。

（3）付费使用商业SSL证书

免费SSL证书只有域名验证型（Domain Validation，DV），而商业SSL证书有域名验证型、企业验证型（Organization Validation，OV）、增强型（Extended Validation EV）等类型。商业SSL证书不仅会对域名进行验证，还会对企业和组织进行验证，从而提高访问网站的安全防护水平。

几乎所有大型网站都会选择商业SSL证书，但是在选择SSL证书的时候要注意加密密钥长度和SSL证书品牌的问题。

2．加密的整体布局

应在应用覆盖的所有区域内启用加密，而不要在区域内实行加密与未加密混合的模式，这样极易导致用户的会话遭到攻击，从而影响到整体安全。

3．加密算法的应用

在开发中不要使用低于128位的加密算法，因为低于128位的加密算法无法提供足够好的加密强度，更不要使用那些存在已知漏洞的加密算法，因为无法保证加密安全。

4．HSTS协议的应用

HTTP严格传输安全（HTTP Strict Transport Security，HSTS）协议是一种新的Web安全协议，它强制客户端使用HTTPS与服务器创建连接，防止SSL剥离攻击（中间人攻击的一种）的发生。

5. cookie 安全属性的设置

cookie 提供了多种安全属性，包括 Secure 属性、HttpOnly 属性、SameSite 属性等，以保证会话 ID 的交换安全。

6. 限制使用过时的 SSL 协议

由于 SSL 漏洞不断被发现，有些 SSL 协议经评估后成了不符合安全标准的版本。如果这些不符合安全标准的 SSL 协议继续被使用，就很容易被别有用心者所利用，影响网络安全。因此，需要限制使用过时的 SSL 协议。

3.1.3 WebSocket 协议

WebSocket 协议主要用于解决浏览器获取资源时必须发起多个 HTTP 请求和长时间轮询等诸多问题。WebSocket 协议与 HTTP 在以下几个方面存在着异同：

❶ WebSocket 协议中的握手与 HTTP 中的握手兼容，同时使用 HTTP 中的 Upgrade 协议头将连接从 HTTP 升级到 WebSocket 协议，使得采用 WebSocket 的程序可以更容易地使用现已存在的基础设施；

❷ WebSocket 协议定义了一系列新的 header 域，而这些新的 header 域在 HTTP 中是不能使用的；

❸ WebSocket 协议建立连接之后，数据使用帧（有序）来传递，不再像 HTTP 那样需要 Request 消息。

开发者在 WebSocket 协议开发过程中要关注以下几个方面。

（1）认证、授权

由于 WebSocket 协议中没有规定对授权或认证的处理方式，因此在使用 WebSocket 协议时需要自己采取措施以保证其安全。

（2）HTTP 所遇到的攻击

WebSocket 协议使用 HTTP 或 HTTPS 进行握手请求，因此也存在 HTTP 受到攻击的可能。

（3）输入校验

WebSocket应用和传统Web应用一样，也会受到诸如XSS、SQL注入等安全威胁，因此同样需要对输入进行校验。

3.2 数据通信应用

在3.1节中介绍了通信协议中所遇到的安全威胁，本节将针对H5应用中的前端与服务器端之间，在数据传输过程中所存在的安全问题进行探讨。

3.2.1 利用form标签的method属性进行数据通信

form标签的method属性规定了两种方法：POST和GET。这两种方法在数据传输过程中分别对应了HTTP中的POST方法和GET方法。两种方法之间主要有如下区别。

❶ GET方法用来从服务器上获得数据，而POST方法用来向服务器传递数据。

❷ GET方法将form标签中的数据按照variable=value的形式，添加到form标签中action所指向的URL后面，使用“?”进行连接，而在变量之间使用“&”连接；POST方法则是将form标签中的数据放在form标签的数据体中，按照变量和值相对应的方式，传递到action所指向的URL。

❸ 采用GET方法时，前端浏览器与服务器建立连接后，会在同一个传输步骤中发送所有的表单数据；而采用POST方法时，前端浏览器会首先与服务器建立联系，建立连接后，前端将以分段传输的方式将数据发送给服务器。

❹ 受URL长度的限制，GET方法传输的数据量小；而POST方法没有这个限制，可以传输大量的数据。

❺ 由于GET方法传输数据的过程中，数据被放在请求的URL中，因此会导致一些隐私信息被第三方看到，不安全；而POST方法的所有操作对用户来说都是不可见的，相对安全。

扩展阅读

数据的分段编码就是将完整的请求数据，分段进行编码传输。在请求头中加入字段 Transfer-Encoding: chunked，即表示这个报文采用了分段编码，分段编码只适用于POST方法。

POST 请求报文中的数据部分需要改为用一系列分段来传输。每个分段包含十六进制的长度值和数据，空格也算一个长度值，长度值独占一行，最后需要用0独占一行表示编码结束，并在0后空两行表示数据包结束。

代码 3-2 所示的是一个 form 标签的 method 属性的实例。当用户点击页面上的“get”时，前端将使用 GET 方法向服务器提交数据；当用户点击“post”时，前端将选择 POST 方法向服务器提交数据。

代码 3–2

```
1  <!DOCTYPE html>
2  <html>
3      <head>
4          <meta charset="utf-8" />
5          <title>login</title>
6          <style>
7              .wrap{
8                  text-align: center;
9              }
10         </style>
11     </head>
12     <body>
13         <div class="wrap">
14             <div style=" display: inline" >
15                 <form id= "form1">
16                     <input type="text" name="uid"
17 placeholder="username" autocomplete="off" /><br />
18                     <input type="password" name="pwd"
19 placeholder="Password" autocomplete="off" /><br />
20                     <input type="submit" value="get"
21 formaction="show_get.php" formmethod="get"><!—应用 GET 方法 -->
22                     <input type="submit" value="post"
23 formaction="show_post.php" formmethod="post"><!—应用 POST 方法 -->
```

```
24                  </form>
25              </div>
26          </div>
27      </body>
28  </html>
```

代码3-2的运行效果如图3-2所示。图3-2所显示的页面上有两个供用户选择的提交数据按钮“get”和“post”。当用户点击“get”按钮提交数据时，<form>标签会根据代码`<input type="submit" value="get" formaction="show_get.php" formmethod="get">`中formaction和formmethod的设置跳到URL（http://192.168.217.202/03/show_get.php?uid=user&pwd=password），向服务器传输数据，由show_get.php（见代码3-3）对数据进行处理；当用户点击“post”按钮提交数据时，form会根据代码`<input type="submit" value="post" formaction="show_post.php" formmethod="post">`中formaction和formmethod的设置跳到另外一个URL（http://192.168.217.202/03/show_post.php），向服务器传输数据，由show_post.php（见代码3-4）对数据进行处理。

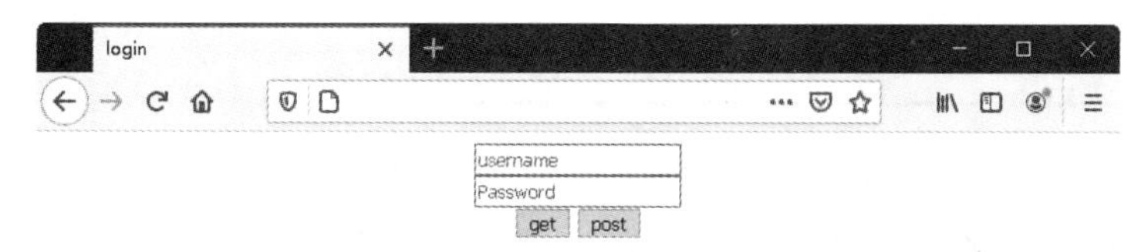

图3-2　代码3-2的执行效果

代码3-3

```
1   <!DOCTYPE html>
2   <html>
3       <head>
4           <meta charset="utf-8" />
5       </head>
6       <body>
7           <?php echo "服务器获取数据\r\n\t\t<hr /><br />\r\n";
8           echo "\t\tusername: ". $_GET["uid"]."<br />\r\n";
9           echo "";
10          echo "\t\tpassword: ". $_GET["pwd"]."\r\n";?>
11      </body>
12  </html>
```

代码 3-4

```
1  <!DOCTYPE html>
2  <html>
3      <head>
4          <meta charset="utf-8" />
5      </head>
6      <body>
7          <?php echo "服务器获取数据\r\n\t\t<hr /><br />\r\n";
8          echo "\t\tusername: ". $_POST["uid"]."<br />\r\n";
9          echo "";
10         echo "\t\tpassword: ". $_POST["date"]."\r\n";?>
11     </body>
12 </html>
```

思考与提示

代码 3-3 和代码 3-4 用 PHP 编写，开发中不仅要注意其代码编写的格式，还要考虑 PHP 脚本运行后生成页面的代码格式。如代码 3-4 中第 7 行代码中的“\r”“\n”“\t”这些字符串就是为了使生成的代码符合编写规范而加入的。虽然这样编写代码会更辛苦，但是能间接地保障安全。

3.2.2 利用伪实时方式——AJAX 进行数据通信

开发者经常会遇到对网页中的某一部分数据进行维护的情况。为提升用户浏览网页时的用户体验，开发者就会使用 AJAX 进行数据维护。

AJAX 是一种创建交互应用的网页开发技术，在用户访问页面时，页面会在后台与服务器进行少量数据交换，在不对整个页面进行刷新的情况下，只对网页的部分信息实现异步更新，减少了用户等待的时间。AJAX 具有如下特点：

❶ AJAX 不是编程语言，是一种用于创建更好、更快、交互性更强的 Web 应用的技术；

❷ AJAX 使用 JavaScript 向服务器提出请求并处理响应；

❸ AJAX 使用不针对整个页面的异步数据传输的 HTTP 请求，避免了服务器同时收到大量突发请求的情况；

❹ AJAX 与 HTML、XML（或 JSON）、JavaScript 等成熟技术相结合，与浏览器和平台的兼容性好。

AJAX 技术混合了 HTML、XML、JavaScript 等技术，这就意味着其在安全防护上需要对 HTML、XML、JavaScript 等技术可能产生的安全问题进行防护。AJAX 安全防护总结起来包括以下几个方面：

❶ 在客户端和服务器上都要进行严格的输入校验，防止诸如 XSS 攻击的发生；

❷ 尽量使用 POST 方法，减少使用 GET 方法；

❸ 尽量减少、简化 AJAX 调用，以减少安全漏洞。

代码 3-5 是应用 AJAX 进行查询的示例。在示例中，当用户输入城市的拼音缩写之后，页面无须跳转就会直接将服务器返回的结果在页面上显示出来，如图 3-3 所示。在图 3-3 中显示的“BJ：北京”就是服务器根据前端提交的“BJ”返回给前端页面的结果。

代码 3-5

```
1  <!DOCTYPE html>
2  <html>
3      <head>
4          <meta charset="utf-8" />
5          <title>演示</title>
6          <style>
7              .wrap{
8              text-align: center;
9              }
10         </style>
11         <script>
12             var xmlHttp;
13             function checkState(){
14                 source=document.getElementById("source").value;
15                 if (source == null || source.length == 0){
16                     alert("请输入需要查询的内容");
17                     return;
18                 }
19                 xmlHttp=GetXmlHttpObject();
20                 if (xmlHttp == null){
21                     alert ("浏览器不支持 HTTP Request");
22                     return;
```

```
23                  }
24                  var url="checkState.php";
25                  xmlHttp.open("POST",url,true);
26                  xmlHttp.setRequestHeader("Content-Type","application/
27 x-www-form-urlencoded;");
28                  xmlHttp.onreadystatechange=stateChanged ;
29                  var post_method="q="+source;
30                  xmlHttp.send(post_method);
31              }
32              function stateChanged() {
33                  if (xmlHttp.readyState==4 && xmlHttp.status==200){
34                  document.getElementById("result").innerHTML=xmlHttp.
35 responseText ;
36                  }
37              }
38              function GetXmlHttpObject(){
39                  var xmlHttp=null;
40                  try{
41                      xmlHttp=new XMLHttpRequest();
42                  }catch (e){
43                      try{
44                      xmlHttp=new ActiveXObject("Msxml2.XMLHTTP");
45                      }catch (e){
46                         xmlHttp=new ActiveXObject("Microsoft.XMLHTTP");
47                      }
48                  }
49                  return xmlHttp;
50              }
51          </script>
52      </head>
53      <body>
54          <p id="localtime"></p>
55          <hr />
56          <input type="text" id="source" value="" />
57          <input type="button" value="查询省、自治区、直辖市"
58 onclick="checkState();" />
59          <div id="result"></div>
60          <script>
61              document.getElementById("localtime").innerHTML="首次页面
62 访问时间" + Date();
63          </script>
```

```
64      </body>
65 </html>
```

图 3-3　代码 3-5 编写的页面

代码 3-5 中的 AJAX 没有采用调用第三方代码的方式进行编写，而是采用编写 JavaScript 代码的方式实现。代码 3-5 中关于 AJAX 的部分说明如下。

❶ function GetXmlHttpObject() 的作用在于检查能否创建 XMLHTTP 对象，使后台与服务器进行数据交换，并将结果返回给调用者。

❷ function stateChanged() 的作用是将服务器返回的信息在本地进行处理，主要对数据是否已经完整地传递到本地、服务器返回的是否是 200（OK）的数据进行处理。如果扩充代码，可以在这里处理任何其他异常，如服务器 500 错误、404 错误、数据错误等。

❸ xmlHttp 中保存了申请的全局 XMLHttpRequest 实例，以方便使用。

❹ xmlHttp.open("POST",url, true); 的作用是声明 AJAX 采用的是 POST 方法向“url”传递数据。

❺ xmlHttp.setRequestHeader("Content-Type","application/x-www-form-urlencoded;"); 的作用是向服务器发送一个 header，声明客户端要下载什么信息及其相关的参数。

❻ xmlHttp.onreadystatechange=stateChanged; 的作用是将函数 stateChanged()（结果处理方法）与服务器反馈进行绑定。每当 readyState 属性改变时，网页会根据 xmlHttp.onreadystatechange=stateChanged ;的设置调用 stateChanged()，然后由 stateChanged() 对返回结果进行处理。

❼ xmlHttp.send(post_method); 的作用是向服务器发出 POST 方法的相关内容。在本示例中 POST 方法的内容是 "q=" + document.getElementById("source").value。

在代码 3-5 中，AJAX 指向的 URL 是服务器上的 checkState.php，如代码 3-6 所示。其功能是读取客户端的请求，进行查询，然后将查询结果反馈给前端。

代码 3-6

```
1  <?php
2      header('content-type:text/html;charset=utf-8/');
3      $source=urldecode($_POST['q']);
4      $response=strtoupper($source);
5      if(strcmp($response, "CN")==0)
6          $response .==": 中国 ";
7      else if(strcmp($response, "AH")==0)
8          $response .==": 安徽 ";
9      else if(strcmp($response, "BJ")==0)
10         $response .==": 北京 ";
…  …
21     else if(strcmp($response, "HI")==0)
22         $response .==": 海南 ";
23     else if(strcmp($response, "HE")==0)
24         $response .==": 河北 ";
25     else if(strcmp($response, "HA")==0)
26         $response .==": 河南 ";
27     else if(strcmp($response, "HL")==0)
28         $response .==": 黑龙江 ";
…  …
41     else if(strcmp($response, "SN")==0)
42         $response .==": 陕西 ";
…  …
75     else
76         $response .==": 拼音缩写输入错误 ";
77     echo$response;
78 ?>
```

扩展阅读

由于使用省区市名称拼音缩写会造成山西、陕西，湖北、河北，湖南、河南、海南在搜索时出现错误，因此特将陕西、河北、河南、海南的缩写分别命名为 SN（陕西）、HE（河北）、HA（河南）、HI（海南）。

3.2.3 利用实时方式——WebSocket 进行数据通信

在开发中使用传统的 HTTP 轮询方式或者长连接的方式，可以实现服务器向前端实时推送数据的效果，但无论是 HTTP 轮询方式，还是长连接的方式，都会在通信过程中产生资源消耗过大或推送延迟等问题。HTML5 推出的 WebSocket 可以在一定程度上解决这些问题，即实现服务器向前端实时推送数据的时候，WebSocket 能保持全双工的传输，可以有效地减少连接的建立，这对需要进行低延迟通信的应用是一个很好的选择。

下面通过一个 WebSocket 应用的示例，介绍如何实施客户端与服务器间的 WebSocket 连接的建立与断开。

1. 服务器的配置

服务器实现 WebSocket 服务有很多种方式，本示例选择脚本方式。

（1）PHP 系统的配置

PHP 的默认配置是不支持 WebSocket 的，需要在 php.ini 中添加代码 3-7 中的内容。

代码 3–7

```
1  extension=php_gd2.dll
2  extension=php_sockets.dll
```

思考与提示

❶ 本示例基于 Windows 操作系统下的 PHP 7.2 环境实现。

❷ php.ini 中的配置信息很多，这里仅对本示例中的服务需求进行配置，其他一些配置将在第 5 章进行介绍。

（2）启动 WebSocket 服务

启动 WebSocket 服务需要以管理员的身份运行命令提示符，在命令提示符中执行图 3-4 所示的命令，然后运行 server.php，如代码 3-8 所示。

图 3-4 启动 WebSocket 服务

代码 3-8

```
1 <?php
2     require("SocketService.php");
3     $ss=new SocketService("0.0.0.0",2000);
4     $ss->run();
5 ?>
```

代码 3-8 调用代码 3-9（SocketService.php）中的 class SocketService，通过 `$ss=new SocketService（"0.0.0.0", 2000）;` 生成一个 SocketService 类的实例，用于监听服务器的 2000 端口。

代码 3-8（server.php）运行后，其运行结果如图 3-5 所示。从图 3-5 可以看到 server.php 已经打开了本地服务，其服务监听端口号为 2000。用户可以通过 http://ip:2000 进行连接测试，如有信息反馈则证明服务器已经可以正常提供 WebSocket 服务了。

图 3-5 WebSocket 服务的工作状态

思考与提示

`SocketService（"0.0.0.0", 2000）;` 中的“0.0.0.0”负责提供服务的 IP 地址，在实际生产环境中应根据具体情况进行严格限制，特别是在系统有多块网卡、多个 IP 地址配置的情况下。

代码 3-9

```
1  <?php
2  /**
3   * Created by Peter
4   * Date: 2018/10/01
5   * Time: 15:06
6   */
7  class SocketService{
8
9      private $address ='0.0.0.0';
10     private $port=8848;
11     private $_sockets;
12
13     public function __construct($address='', $port=0){
14         if(!empty($address)){
15             $this->address=$address;
16         }
17         if(!empty($port)) {
18             $this->port=$port;
19         }
20     }
21
22     public function service(){
23         //获取 TCP 协议
24         $tcp=getprotobyname("tcp");
25         $sock=socket_create(AF_INET, SOCK_STREAM, $tcp);
26         socket_set_option($sock, SOL_SOCKET, SO_REUSEADDR, 1);
27         if($sock < 0){
28             throw new Exception("failed to create socket: ".socket_
29 strerror($sock)."\n");
30         }
31
32         socket_bind($sock, $this->address, $this->port);
33         socket_listen($sock, $this->port);
34
35         echo "listen on ".$this->address.":".$this->port."\n";
36
37         $this->_sockets=$sock;
38     }
39
40     public function run(){
```

```
41
42          $this->service();
43          $clients[]=$this->_sockets;
44
45          while (true){
46              $changes=$clients;
47              $write=NULL;
48              $except=NULL;
49
50              socket_select($changes,  $write,  $except, NULL);
51              foreach ($changes as $key => $_sock){
52                  if($this->_sockets==$_sock){ // 新接入 socket
53                      if(($newClient=socket_accept($_sock)) ===false){
54                          die('failed to accept socket: '.socket_
55  strerror($_sock)."\n");
56                      }
57
58                      $line=trim(socket_read($newClient, 1024));
59                      $this->handshaking($newClient, $line);
60
61                      // 获取客户端的 IP 地址
62                      socket_getpeername ($newClient, $ip);
63                      $clients[$ip]=$newClient;
64                      echo  "Client ip:{$ip}   \n";
65                      echo "Client msg:{$line} \n";
66                  } else { // 读取客户端数据
67                      socket_recv($_sock, $buffer,  2048, 0);
68                      $msg=$this->message($buffer);
69
70                      // 在这里写业务代码，进行倒计时
71                      echo "start {$key} seconds to count down:",$msg,"\n";
72                      $timer=(int)$msg;
73                      while($timer > 0){
74                          $response="-".$timer;
75                          $this->send($_sock, $response);
76                          echo "count down:",$timer,"\n";
77                          sleep(1);
78                          $timer--;
79                      }
80
```

```
81                      $response=$msg." seconds end.";
82                      $this->send($_sock, $response);
83                      echo "{$key} response to Client:".$response,"\n";
84                  }
85              }
86          }
87      }
88
89      /**
90       * 握手处理
91       * @param $newClient socket
92       * @return int  接收到的数据
93       */
94
95      public function handshaking($newClient, $line){
96          $headers=array();
97          $lines=preg_split("/\r\n/", $line);
98
99          foreach($lines as $line){
100
101             $line=chop($line);
102             if(preg_match('/\A(\S+): (.*)\z/', $line, $matches)){
103                 $headers[$matches[1]]=$matches[2];
104             }
105         }
106         $secKey=$headers['Sec-WebSocket-Key'];
107         $secAccept=base64_encode(pack('H*', sha1($secKey . '258EAFA3-
108 E913-47DA-95CA-C5AB0DC85B11')));
109         $upgrade ="HTTP/1.1 101 Web Socket Protocol Handshake\r\n" .
110             "Upgrade: websocket\r\n" .
111             "Connection: Upgrade\r\n" .
112             "WebSocket-Origin: $this->address\r\n" .
113             "WebSocket-Location:
114 ws://$this->address:$this->port/websocket/websocket\r\n".
115             "Sec-WebSocket-Accept:$secAccept\r\n\r\n";
116
117         return socket_write($newClient, $upgrade, strlen($upgrade));
118     }
119
120     /**
```

```
121         * 解析接收到的数据
122         * @param $buffer
123         * @return null|string
124         */
125        public function message($buffer){
126            $len=$masks=$data=$decoded=null;
127            $len=ord($buffer[1]) & 127;
128            if ($len====126)  {
129                $masks=substr($buffer, 4, 4);
130                $data=substr($buffer, 8);
131            } else if ($len====127)  {
132                $masks=substr($buffer, 10, 4);
133                $data=substr($buffer, 14);
134            } else  {
135                $masks=substr($buffer, 2, 4);
136                $data=substr($buffer, 6);
137            }
138
139            for ($index=0; $index < strlen($data); $index++) {
140                $decoded .==$data[$index] ^ $masks[$index % 4];
141            }
142
143            return $decoded;
144        }
145
146        /**
147         * 发送数据
148         * @param $newClinet 新接入的 socket
149         * @param $msg    要发送的数据
150         * @return int|string
151         */
152        public function send($newClinet, $msg){
153            $msg=$this->frame($msg);
154            socket_write($newClinet, $msg, strlen($msg));
155        }
156
157        public function frame($s) {
158            $a=str_split($s, 125);
159            if (count($a)==1) {
160                return "\x81" . chr(strlen($a[0])) . $a[0];
```

```
161          }
162
163          $ns="";
164
165          foreach ($a as $o) {
166              $ns .=="\x81" . chr(strlen($o)) . $o;
167          }
168
169          return $ns;
170      }
171
172      /**
173       * 关闭 socket
174       */
175      public function close(){
176          return socket_close($this->_sockets);
177      }
178
179 }
180
```

2. 前端（浏览器）的配置

前端的网页主要用于与服务器建立通信连接，并进行数据交互操作。代码 3-10 主要实现两个功能：连接 WebSocket 服务和断开 WebSocket 服务。

代码 3–10

```
1  <!DOCTYPE html>
2  <html>
3      <head>
4          <style>
5              .divmessage{ background:#F00; color:#FFF}
6              .divsend{ background:#00F; color:#FFF}
7          </style>
8          <meta charset="utf-8" />
9          <title>websocket 演示（计时器）</title>
10     </head>
11     <body>
12         <input type="button" value=" 连接服务 " onclick="openS()" />
```

```
13          <input type="button" value=" 关闭连接 " onclick="closeS()" />
14          <hr />
15          <h1> 输入秒数，开始倒计时 </h1>
16          <input id="content" value="" />
17          <input type="button" value=" 开始倒计时 " onclick="start()" />
18          <div id="message" class="divmessage"></div>
19          <div id="send" class="divsend"></div>
20          <div id="receive"></div>
21          <script>
22              // 创建一个 WebSocket 实例
23              var webSocket;
24              // 关闭监听 websocket
25              function start(){
26                  var message=document.getElementById('content').value;
27                  document.getElementById('content').value='';
28                  webSocket.send(message);
29                  document.getElementById("send").innerHTML="<p> 发送数
30  据: "+message+"</p>"}
31              function openFirst(){ // 建立连接
32                  webSocket =new WebSocket("ws://127.0.0.1:2000");
33                  webSocket.onerror=function (event){
34                      onError(event);};
35                  // 打开 websocket
36                  webSocket.onopen=function (event){
37                      onOpen(event);};
38                  // 监听消息
39                  webSocket.onmessage=function (event){
40                      onMessage(event);};
41                  webSocket.onclose=function (event){
42                      onClose(event);}
43                  function onError(event){
44                      document.getElementById("message").
45  innerHTML="<p>" + socketState() + "</p>";};
46                  function onOpen(event){
47                      document.getElementById("message").
48  innerHTML="<p>" + socketState() + "</p>";};
49                  function onMessage(event){
50                      document.getElementById("receive").
51  innerHTML="<p> 接收数据: "+event.data+"</p>"};
52                  function onClose(event){
53                      webSocket.close();
```

```
54                          document.getElementById("message").
55 innerHTML="<p>" + socketState() + "</p>";}
56                     function socketState(){
57                          var status=['未连接','连接成功,可通信','正在关闭','
58 连接已关闭或无法打开'];
59                          return status[webSocket.readyState];}
60                     document.getElementById("message").innerHTML="<p>" +
61 socketState() + "</p>";}
62                function openS(){
63                     if (webSocket.readyState !===1) {
64                          closeS();}
65                     openFirst();}
66                function closeS(){//关闭连接
67                     webSocket.close();}
68                openFirst();
69           </script>
70      </body>
71 </html>
```

用户访问代码 3-10 编写的页面时，点击“连接服务”按钮，网页会利用 JavaScript 代码与服务器的 WebSocket 服务进行连接。当与服务器连接成功后，页面会出现“连接成功，可通信”的提示，如图 3-6 所示。

图 3–6　代码 3–10 编写的页面的显示效果

服务器接收到浏览器的连接申请后，运行 server.php 的窗口会显示出前端的 IP 地址的相关信息，如图 3-7 所示。

```
管理员: 命令提示符 - \php-7.4.13-Win32-vc15-x64\php  server.php
Microsoft Windows [版本 10.0.18362.30]
(c) 2019 Microsoft Corporation。保留所有权利。

C:\Windows\system32>cd\

C:\>cd Apache24

C:\Apache24>cd htdocs

C:\Apache24\htdocs>cd 03

C:\Apache24\htdocs\03>\php-7.4.13-Win32-vc15-x64\php server.php
listen on 0.0.0.0:2000
Client ip:127.0.0.1
Client msg:GET / HTTP/1.1
Host: 127.0.0.1:2000
User-Agent: Mozilla/5.0 (Windows NT 10.0; Win64; x64; rv:83.0) Gecko/20100101 Firefox/83.0
Accept: */*
Accept-Language: zh-CN,zh;q=0.8,zh-TW;q=0.7,zh-HK;q=0.5,en-US;q=0.3,en;q=0.2
Accept-Encoding: gzip, deflate
Sec-WebSocket-Version: 13
Origin: http://2[illegible]95
Sec-WebSocket-Extensions: permessage-deflate
Sec-WebSocket-Key: oDGvmgrvk/vOQmriWTcv3Q==
Connection: keep-alive, Upgrade
Pragma: no-cache
Cache-Control: no-cache
Upgrade: websocket
```

图 3-7　服务器的信息显示

在代码3-10编写的页面的输入框中输入一个数字，点击“开始倒计时”后，数字被发送到服务器，此时页面会出现倒计时数字，如图3-8所示。

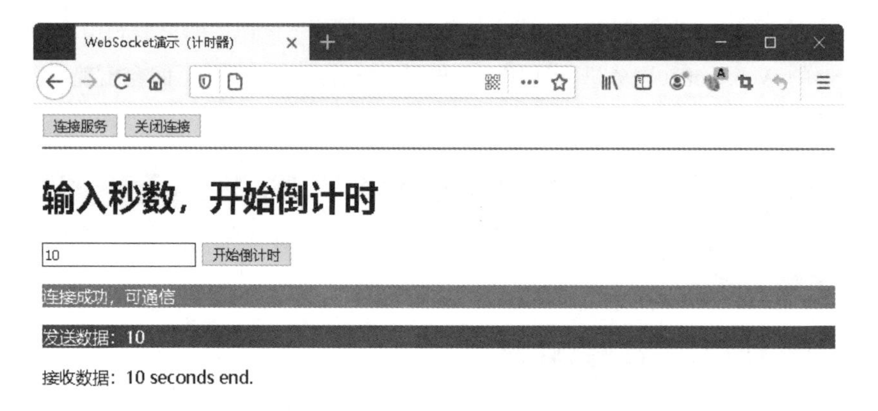

图 3-8　代码 3-10 编写的页面的倒计时

与此同时，服务器的命令提示符窗口中也会显示出相应的倒计时信息，如图3-9所示。在运行过程中，如果服务器的SocketServer出现故障或服务被停止，浏览器会自动感知到通信状态是否出现连接异常或连接关闭的情况，并能正确地在页面中显示出“连接已关闭或无法打开”的提示信息。

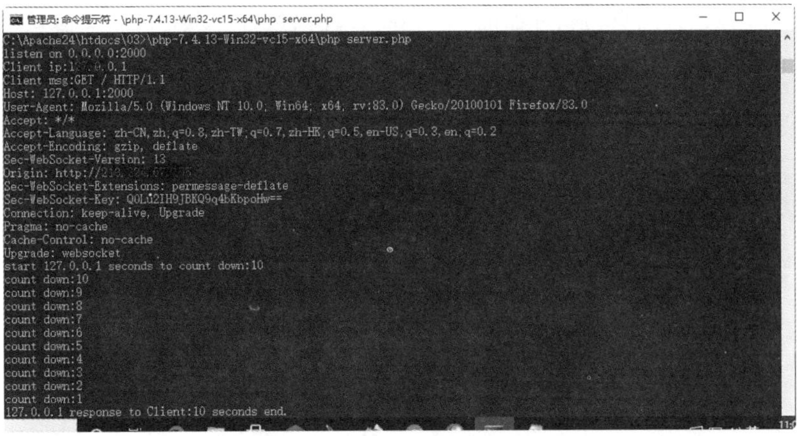

```
管理员: 命令提示符 - \php-7.4.13-Win32-vc15-x64\php  server.php
C:\Apache24\htdocs\03>\php-7.4.13-Win32-vc15-x64\php server.php
listen on 0.0.0.0:2000
Client ip:1
Client msg:GET / HTTP/1.1
Host: 127.0.0.1:2000
User-Agent: Mozilla/5.0 (Windows NT 10.0; Win64; x64; rv:83.0) Gecko/20100101 Firefox/83.0
Accept: */*
Accept-Language: zh-CN,zh;q=0.8,zh-TW;q=0.7,zh-HK;q=0.5,en-US;q=0.3,en;q=0.2
Accept-Encoding: gzip, deflate
Sec-WebSocket-Version: 13
Origin: http://
Sec-WebSocket-Extensions: permessage-deflate
Sec-WebSocket-Key: Q0LU2IH9JBKQ9q4bKbpoHw==
Connection: keep-alive, Upgrade
Pragma: no-cache
Cache-Control: no-cache
Upgrade: websocket
start 127.0.0.1 seconds to count down:10
count down:10
count down:9
count down:8
count down:7
count down:6
count down:5
count down:4
count down:3
count down:2
count down:1
127.0.0.1 response to Client:10 seconds end.
```

图 3-9　服务器显示的倒计时信息

需要说明的是，代码 3-10 中所使用的用于连接服务器的协议不是 HTTP，而是 WebSocket 协议，其代码为 `webSocket =new  WebSocket("ws://127.0.0.1:2000");`。

当服务器上的 WebSocket 服务将处理后的结果返回给前端网页时，前端网页会调用相应的函数，具体的事件返回值与调用函数对照关系如表 3-1 所示。

表 3-1　代码 3-10 中的 WebSocket 返回值与调用函数对照关系

返回值	说明	调用函数
WebSocket.onerror	连接错误时	function onError(event)
WebSocket.onopen	建立连接	function onOpen(event)
WebSocket.onmessage	接收到数据	function onMessage(event)
WebSocket.onclose	关闭连接	function onClose(event)

此外，代码 3-10 中与 WebSocket 通信状态相关的函数如表 3-2 所示。

表 3-2　代码 3-10 中与 WebSocket 通信状态相关的函数

函数名	说明
openS()	手动建立 WebSocket 连接
closeS()	手动断开 WebSocket 连接
openFirst()	初始化与服务器的 WebSocket 连接

代码 3-10 在检查网页与服务器的 WebSocket 连接是否正常时，需要检查 WebSocket.readyState 的状态值，如表 3-3 所示。

表 3-3 WebSocket.readyState 的状态值

状态值	说明
0	未连接 WebSocket
1	已连接 WebSocket，可以正常通信
2	正在关闭 WebSocket 连接
3	WebSocket 连接已关闭或无法打开

从表 3-3 中的状态值可以判断当前 WebSocket 的连接情况，WebSocket.readyState 的状态值如果不是“1”，原则上要进行处理，或者提醒用户检查网络等。

本示例中，服务器的代码在设计时没有对在实际环境中的网络通信情况进行判断，没有对异常处理的情况进行处理，也没有对输入验证等进行安全防护，而这些功能在生产环境中是不可或缺的。此外，WebSocket 协议是比较新的“长连接”协议，不同浏览器厂商对 WebSocket 协议的支持情况不一样，在开发过程中，开发者要进行代码与浏览器兼容性测试工作。

3.2.4 利用短信、邮件进行登录验证

利用短信、邮件发送动态码，并在规定时间内进行登录验证是目前比较流行的用户登录验证方式。该方式主要通过以下几个步骤实现：

❶ 用户需要输入合法的邮箱地址或者手机号码作为用户名；

❷ 用户点击“申请动态码”按钮后，系统会根据用户提交的用户名发送动态码到用户的邮箱，或者以短信的形式将动态码发送到用户的手机上；

❸ 用户将得到的动态码输入动态码输入框，点击“登录认证”完成登录认证。

短信、邮件验证时文件间的关系如图 3-10 所示，各文件的功能说明如表 3-4 所示。

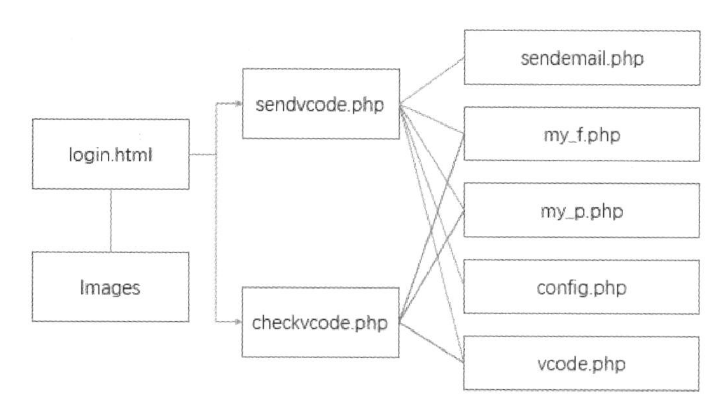

图 3-10 短信、邮件验证时文件间的关系

表 3-4 各文件的功能说明

文 件	文件名	说 明
代码 3-11	login.html	登录前端页面
网站目录	Images	负责存放页面中调用的图片资源
代码 3-12	sendvcode.php	检查发送动态码的文件，如果发送成功，将信息保存在 vcode.php 文件中
空白文档	vcode.php	用于临时保存用户信息
代码 3-13	checkvcode.php	检查动态码的执行文件，将用户通过网络发送的用户名和动态码与 vcode.php 文件中的信息进行比对
代码	my_f.php	执行文件需要的函数（方法）文件
代码	my_p.php	执行文件需要的参数定义文件
代码	sendemail.php	执行文件需要的发送邮件的函数（方法）文件
代码	config.php	服务器返回各种用户信息的函数（方法）文件

其中，代码 3-11 实现的是带有动态码校验功能的用户登录页面。代码 3-11 编写的页面比较简单，页面上只有用户名、口令、动态码输入框以及“申请动态码”“登录”两个按钮，如图 3-11 所示。

代码 3-11 中，利用前端页面中的 JavaScript 函数 checkEmail()、checkMobile()，检查用户输入的用户名（邮箱地址或者手机号码）等信息的合法性，并使用 AJAX 技术直接在当前页面中将检查结果反馈给用户。

图 3-11　代码 3-11 编写的页面的显示效果

操作时，用户点击“申请动态码”按钮后，浏览器里采用的 AJAX 技术与服务器进行通信，通过函数 requireCode() 向服务器提出申请。

在安全方面，在调用 AJAX 之前的这个阻塞点，系统对用户名信息进行验证。如果用户输入的用户名不符合应用和安全的要求，则不会向服务器提交信息，并提醒用户去核查用户名是否有误，待用户修正并通过验证后才会将用户名信息发送给服务器。这种做法能极大地减小服务器的压力，且方便用户对输入的用户名进行修改。

服务器收到请求后，服务器对用户提交的信息进行处理：通过 requireCodeStateChanged 发送相应的动态码到浏览器前端。若返回值为 0 则表示发送成功，若返回非 0 值则表示发送失败。JavaScript 代码会根据返回值进行判断，并在浏览器中提醒用户是否成功发送了动态码。

代码 3-11

```
1  <!DOCTYPE html>
2  <html>
3      <head>
4          <meta charset="utf-8" />
5          <title>login</title>
6          <style>
7              .wrap{
8                  text-align: center;
9              }
10         </style>
11         <script>
12             var xmlHttp;
13             function checkEmail(data){
14                 var
```

```
15 regex=/^([0-9A-Za-z\-_\.]+)@([0-9a-z]+\.[a-z]{2,3}(\.[a-z]{2})?)$/g;
16                 return regex.test(data);
17             }
18             function checkMobile(data){
19                 var regex=/^1[34578]\d{9}$/;
20                 return regex.test(data);
21             }
22             function requireCode(){
23                 var username=document.getElementById("uid").value;
24                 if(checkEmail(username) || checkMobile(username)){
25                     xmlHttp=GetXmlHttpObject();
26                     if (xmlHttp==null){
27                         alert ("浏览器不支持 HTTP Request");
28                     return;
29                     }
30                     var url="sendvcode.php";
31                     url=url + encodeURI("?username=" + username);
32 
33                     xmlHttp.onreadystatechange=requireCodeStateChanged;
34                     xmlHttp.open("GET",url,true);
35                     xmlHttp.send(null);
36                 }else{
37                     document.getElementById("msg").innerHTML="请检查
38 用户名合法性";
39                 }
40             }
41             function requireCodeStateChanged() {
42                 if (xmlHttp.readyState==4 && xmlHttp.status==200){
43                     if(xmlHttp.responseText=="0"){
44                         var
45 username=document.getElementById("uid").value;
46                         if(checkEmail(username)){
47                             document.getElementById("msg").
48 innerHTML="动态码已发送到邮箱，请尽快使用";
49                         } else if(checkMobile(username)){
50                             document.getElementById("msg").
51 innerHTML="动态码已发送到手机，请尽快使用";
52                         }
53                     }else{
54                         document.getElementById("msg").innerHTML="
55 动态码申请失败，请稍后再试";
```

```
56                      }
57                  }
58              }
59              function checkUsernameCode(){
60                  var username=document.getElementById("uid").value;
61                  var vcode=document.getElementById("vcode").value;
62                  var password=document.getElementById("pwd").value;
63                  if(checkEmail(username) || checkMobile(username)){
64                      xmlHttp=GetXmlHttpObject();
65                      if (xmlHttp==null){
66                          alert ("浏览器不支持 HTTP Request");
67                          return;
68                      }
69                      var url="checkvcode.php";
70                      url=url + encodeURI("?username=" + username +
71 "&vcode=" + vcode);
72
73 xmlHttp.onreadystatechange=checkUsernameCodeStateChanged;
74                      xmlHttp.open("GET",url,true);
75                      xmlHttp.send(null);
76                  }else{
77                      document.getElementById("msg").innerHTML="请检查
78 用户名合法性";
79                  }
80              }
81              function checkUsernameCodeStateChanged() {
82                  if (xmlHttp.readyState==4 && xmlHttp.status==200){
83                      if(xmlHttp.responseText=="0"){
84                          var
85 username=document.getElementById("uid").value;
86                          if(checkEmail(username) ||
87 checkMobile(username)){
88                              document.getElementById("msg").
89 innerHTML="用户认证成功，欢迎：" + username;
90                          }
91                      }else{
92                          document.getElementById("msg").innerHTML="用
93 户认证申请失败，请稍后再试";
94                      }
95                  }
96              }
```

```
97              function GetXmlHttpObject(){//AJAX
98                  var xmlHttp=null;
99                  try{
100                     xmlHttp=new XMLHttpRequest();
101                 }catch (e){
102                     try{
103                         xmlHttp=new ActiveXObject("Msxml2.XMLHTTP");
104                     }catch (e){
105                         xmlHttp=new ActiveXObject("Microsoft.XMLHTTP");
106                     }
107                 }
108                 return xmlHttp;
109             }
110         </script>
111     </head>
112     <body>
113         <div class="wrap">
114             <input type="text" id="uid" placeholder="uid"
115 autocomplete="off" /><br />
116             <input type="password" id="pwd" placeholder="Password"
117 autocomplete="off" /><br />
118             <input type="text" maxlength="6" placeholder="六位数字"
119 id="vcode" /><br />
120             <input type="button" value="申请动态码"
121 onclick="requireCode();" /><!—动态码申请 -->
122             <input type="button" value="登录" class="loginbtn"
123 onclick="checkUsernameCode();" />
124             <div id="msg"></div>
125         </div>
126     </body>
127 </html>
```

代码3-12是服务器端的脚本，有关代码3-12的主要说明如下。

❶ 利用require_once()在脚本运行期间包含并运行指定的文件，在这些文件中，有些是函数（方法），有些是系统参数，还有些是具有特殊用途的其他文件。

❷ 浏览器传递过来的参数在代码中是变量username，并且通过相应的检查，判断是否是符合规定的数据（邮箱地址或手机号码）。虽然可以利用浏览器对数据进行合规性检查，但是不能保证是否会有伪造请求的数据发送到服务器上，对服务器进行攻击。

❸ 如果用户名符合规定，则生成一个包含6位数字的动态码，并且将相应数据（用户名、动态码、时间戳[①]）保存到 vcode.php 中（在正常情况下应该保存在数据库或者其他通过外部网络无法访问的存储介质上，这里只是示例）。

❹ 通过对用户名类型的判断，判别用户名是邮箱地址还是手机号码，并按照其输入的用户名类型向其发送邮件、短信。

❺ 完成以上工作后，将工作状态返回到浏览器，在这里返回 0 表示成功，返回其他非 0 值表示发生错误，由浏览器决定如何进行处理。

代码 3–12

```
1  <?php
2      require_once("_lib/sendemail.php");
3      require_once("_lib/my_f.php");
4      require_once("_lib/my_p.php");
5      header('content-type:text/html;charset=utf-8');
6      try{
7          $userid=trim($_GET["username"]);
8          if(checkEmail($userid)====true ||
9  checkMobile($userid)====true){ // 检查是否是邮箱地址或者是手机号码
10             $vcode=getRandStr(); // 动态的验证码
11             $vcodeToFile=$userid.",".$vcode.",".mktime();
12             $myfile=fopen($codefile, "w") or die(" 无法打开文件 !");
13             if($myfile){
14                 fwrite($myfile, $vcodeToFile);
15             }
16             fclose($myfile);
17             if(checkEmail($userid)====true){
18                 $msg=" 验证码 ".$vcode."，请在 1 分钟内输入。过时失效 ";
19                 if(sendEmail($userid," 验证码 ", $msg)====true){
20                     echo "0"; // 验证码成功发送到邮箱，请尽快使用
21                 }else{
22                     echo "1"; // 验证码未能发送到邮箱，请稍后重试
23                 }
24             }else{
```

① 时间戳：利用数字签名技术产生的数据，签名的对象包括了原始文件信息、签名参数、签名时间等信息。可信的时间戳被用来作为电子凭证，用于证明电子数据文件自申请可信时间戳后内容保持完整、未被更改。

```
25                  file_get_contents("http://xxx/SendSMS?".
26 "UserId=".$uid."&Password=".$pwd."&Mobiles".$phone."&Content=".$vcode
27 );
28                  echo "0"; // 验证码发送成功，请尽快使用
29              }
30          }else{
31              echo "1"; // 请填写正确的用户名（邮箱地址或手机号码），再次尝试！
32          }
33      }catch(Exception $e){
34          echo "2"; // 请填写正确的用户名（邮箱地址或手机号码），再次尝试";
35      }
36 ?>
```

vcode.php 文件最初是一个空白文档，主要负责存储用户登录所需要的用户名和动态验证码。如果允许多个用户登录，可以追加保存。

需要说明的是本示例只是一个对验证码进行可行性验证的例子，不具有真正的实用价值，对于多个用户频繁登录的情况，可以采取数据库存储、高速缓存等方式进行数据存储，它们远比本示例中的存储方案要快速和安全得多。

代码 3-13 的功能是对用户提交的用户名和验证码进行认证。完成的工作主要有以下几项：

❶ 获取浏览器发送的用户名和验证码；

❷ 从 vcode.php 文件中读出保存的信息；

❸ 将浏览器发送过来的用户名和验证码与服务器上存储的用户名和验证码进行比对。如果在有效期（本实例中设置的是 1 分钟）内比对成功，则将返回值 0 返回给前端浏览器；如果超时或比对失败，则返回其他非 0 的值给前端浏览器。当浏览器获取到返回值后，会对其进行处理并将结果反馈给用户。

代码 3-13

```
1 <?php
2     require_once("_lib/my_p.php");
3     header('content-type:text/html;charset=utf-8');
4     try{
5         $username=trim($_GET["username"]);
```

```
6           $usercode=trim($_GET["vcode"]);
7           $myfile=fopen($codefile, "r") or die("Unable to open file!");
8           if($myfile){
9               $vcode=fread($myfile, filesize($codefile));
10              $data=explode(",", $vcode);
11              $current=mktime();
12              if($data[0]==$username && $data[1]==$usercode &&
13  ($current - ((int)$data[2])) <==$available){
14                  echo "0"; //成功
15              }else{
16                  echo "1"; //用户名动态口令错误
17              }
18          }
19          fclose($myfile);
20      }catch(Exception $e){
21          echo "2"; //验证错误，请重新尝试
22      }
23  ?>
```

在登录过程中，用户不用担心验证码会被别有用心者通过监听浏览器与服务器之间的会话而获得，因为验证码是通过其他途径（邮件和手机短信）发给用户的，且验证码是由服务器动态生成的，别有用心者无法获悉其具体信息，如图 3-12 和图 3-13 所示。

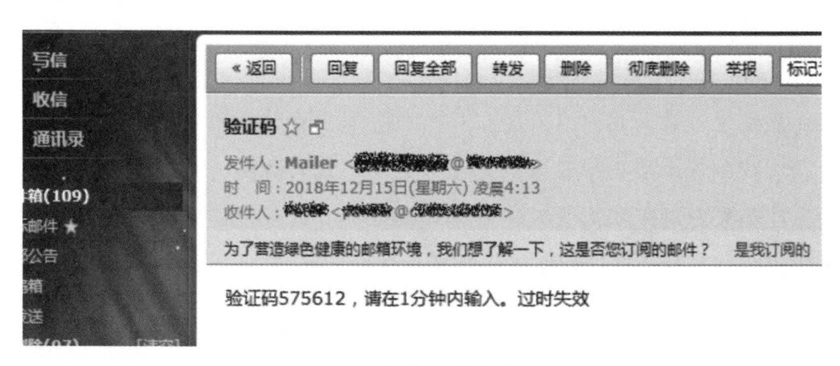

图 3-12　用户收到的邮件验证码

安全开发应注意系统性地考虑安全，用户登录认证的安全绝不是仅靠验证码就可以保障的，应当从多个角度进行考虑。读者可以通过其他手段进一步提高安全性能，如浏览

器与服务器之间的通信采用 HTTPS，而不是 HTTP；增加验证码的位数或者使验证码包含大 / 小写字母（增加暴力破解的难度）等。

图 3–13　用户收到的短信验证码

思考与提示

虽然拥有验证码的用户在登录时，看上去很安全，但是由于短信和邮件的收发线路、短信系统及邮件系统都是由不可控的第三方提供的，别有用心者可以通过短信劫持和短信嗅探等手段加以破解，这些破解所使用的手段已经不是通过对应用的安全防护就能够应对的。

本示例虽然实现了用户通过邮件（手机短信）和口令进行双重认证的功能，但是这只是教学用的示例，与读者通常接触到的认证页面在功能上还存在一定差距：

❶ 代码 3-13 带有强烈的实验性质，只是实现了短信认证的功能，没有解决域名解析、网络连接等状况对动态码发送结果的影响等问题，如果要将其投放到生产环境中还需要改进；

❷ 代码 3-13 中没有对短信验证码进行发送频率的设置，会导致无限制、任意发送验证码的问题；

❸ 代码 3-13 中没有倒计时控制功能，因此对超时后如何继续进行操作没有相应的处理；

❹ 代码 3-13 中没有在用户多次登录失败（通常认定为暴力破解）后进行相应处理的功能，这种情况需要通过增加验证码以及多次登录失败后锁定 IP 地址、账户一段时间的方法来解决，这对安全防护非常重要；

❺ 代码 3-13 中未考虑在用户登录并发数大的情况下，session 的开销与处理问题。

第 4 章

H5 用户状态保持的安全

HTTP 本身是无状态的，但是在实际的开发中常有一些操作需要有状态。如访问某些网站时需要进行用户身份识别。用户身份识别这一问题，通常使用 cookie、session、WebStorage 进行解决。如同用作接头信物的珍邮“宫门倒”，cookie、session、WebStorage 所存储的内容是客户端与服务器之间的通信凭证。本章就传统的 Web 存储和 HTML5 新增的 WebStorage 进行探讨，使读者能够对用户状态保持的利弊加以权衡，并将其以相对安全的方式运用到开发当中。本章主要内容如图 4-1 所示。

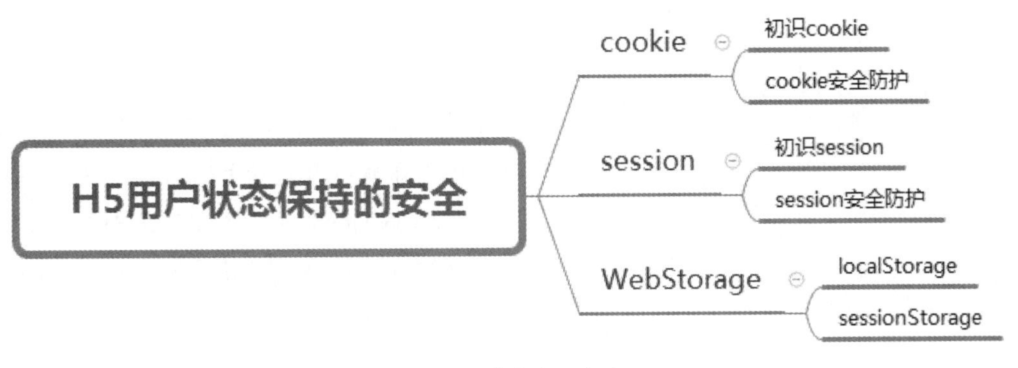

图 4-1　本章主要内容

4.1 cookie

“cookie”的意思是小甜饼，计算机中经常提及的 cookie 通常是指存储在用户本地终端上的数据。

4.1.1 初识 cookie

cookie 不是凭空生成的，而是当服务器收到浏览器的请求后由服务器生成的，cookie 生成后发送给浏览器，浏览器会将 cookie 的键值对（Key/Value）保存到一个文本文件并存放到指定目录下。用户再次请求同一网站时，如果浏览器的设置中启用了 cookie，就发送该 cookie 给服务器。服务器则利用 cookie 中包含的信息的各种属性进行筛选，并经常性地维护这些信息，以判断 cookie 在 HTTP 传输中的状态。

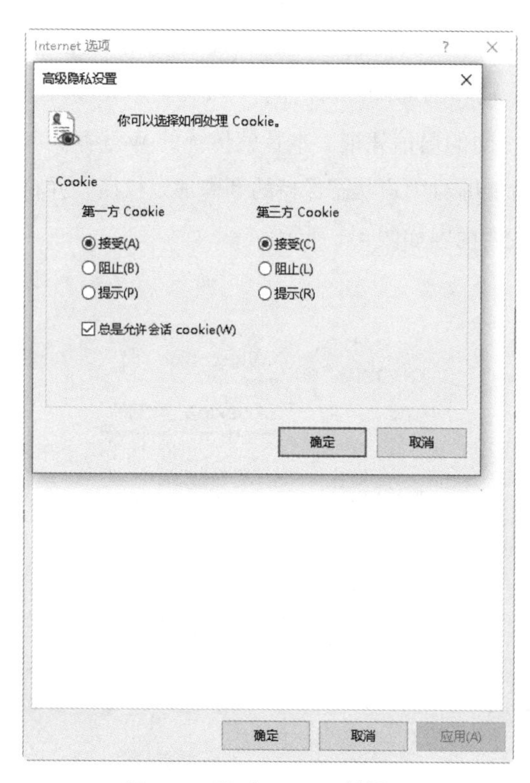

图 4-2 IE 中 cookie 的设置

cookie 最主要的作用是对用户是否成功登录网站进行判断；cookie 还可以用来记录用户的基本信息，如用户用电商平台筛选商品时，浏览器利用 cookie 保存用户在一段时间内在同一个电商平台选择的不同商品，以供用户对保存在 cookie 中的商品进行操作。

cookie 自诞生之日起，就是广大网络用户和 Web 开发者争论的一个焦点，原因是 cookie 的使用对网络用户的隐私安全构成了威胁。其根源在于 cookie 是保存在前端（浏览器）的、包含用户相关信息的小文本文件。

图 4-2 所示的是 IE 中 cookie 的设置，设置的作用是决定 cookie 在计算机上是

打开还是关闭。

代码 4-1 所示的是生成、注销 cookie 的一个示例。运行代码 4-1 后，cookie 中的信息可通过网页显示出来。

代码 4-1

```
1  <!DOCTYPE html>
2  <html>
3      <head>
4          <meta charset="utf-8" />
5          <style>
6              .wrap{
7                  text-align: center;
8              }
9          </style>
10         <title>register</title>
11     </head>
12     <body>
13         <div class="wrap">
14             <div style="display: inline">
15                 <form action='setcookie.php' method="post">
16                     <input type="text" name="uid"
17 placeholder="username" autocomplete="off" /><br />
18                     <input type="password" name="pwd"
19 placeholder="Password" autocompl ete="off" /><br />
20                     <input type="submit" />
21                 </form>
22             </div>
23             <div>
24                 <a href="showcookie.php">显示 cookie</a>
25                 <a href="delcookie.php">删除 cookie</a>
26             </div>
27         </div>
28     </body>
29 </html>
```

运行代码 4-1，当用户点击“提交查询”按钮后，将调用服务器的程序 setcookie.php，并执行。setcookie.php 的功能是为用户设置一个 cookie，如代码 4-2 所示。

代码 4-2

```
1  <?php
2    setcookie("username", $_POST['uid'], time()+120, NULL, NULL,
3  NULL, TRUE);
4    setcookie("password", $_POST['pwd'], time()+120, NULL, NULL,
5  NULL, TRUE);
6  ?>
7  <!DOCTYPE html>
8  <html>
9      <head>
10         <meta charset="utf-8" />
11     </head>
12     <body>
13         设置完成
14     </body>
15 </html>
```

运行代码 4-1，点击“显示 cookie”后，将调用程序 showcookie.php，并执行。showcookie.php 的主要功能是向用户展示 cookie 值，如代码 4-3 所示。

代码 4-3

```
1  <!DOCTYPE html>
2  <html>
3      <head>
4          <meta charset="utf-8" />
5      </head>
6      <body>
7          <?php echo " 欢迎：".$_COOKIE["username"]."<br />\r\n";
8          echo "\t\t 密码：".$_COOKIE["password"]."\r\n";?>
9      </body>
10 </html>
```

运行代码 4-1，点击“删除 cookie”后，将调用程序 delcookie.php，并执行。delcookie.php 的主要功能是删除客户端存放的 cookie，如代码 4-4 所示。

代码 4-4

```
1  <?php
2      setcookie("password", "", time()-3600);
3  ?>
4  <!DOCTYPE html>
5  <html>
6      <head>
7          <meta charset="utf-8" />
8      </head>
9      <body>
10         完成
11     </body>
12 </html>
```

运行代码 4-1，首次访问页面，用户通过调试器可以看到 192.168.217.202 中的 cookie 是没有数据的，如图 4-3 所示。

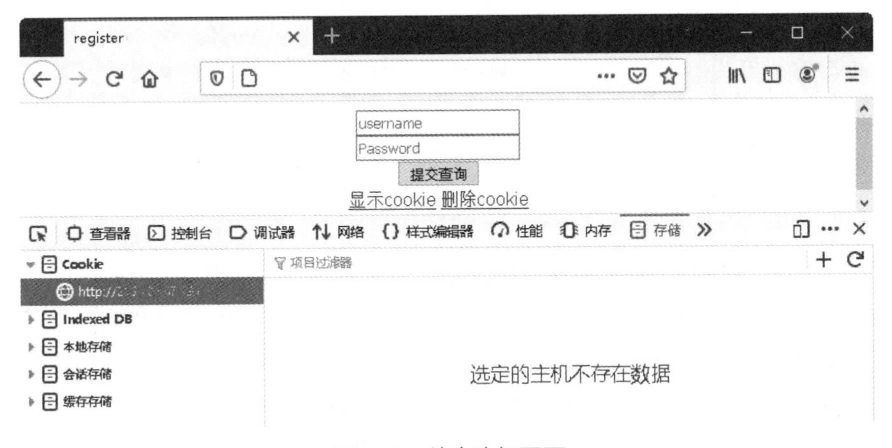

图 4–3 首次访问页面

当用户在图 4-3 所示的页面中输入用户名和口令并提交之后，就会在调试器的 cookie 中看到两个值，这两个值分别是刚才用户提交的 Username 和 Password，以及存在的域名、路径、过期时间和对应的值等信息，如图 4-4 所示。

当用户点击图 4-3 所示页面上的“显示 cookie”链接时，可以通过调用服务器的

showcookie.php 得到 cookie 中的信息；当点击页面上的“删除 cookie”链接之后，可发现调试器上 cookie 的信息被删除。

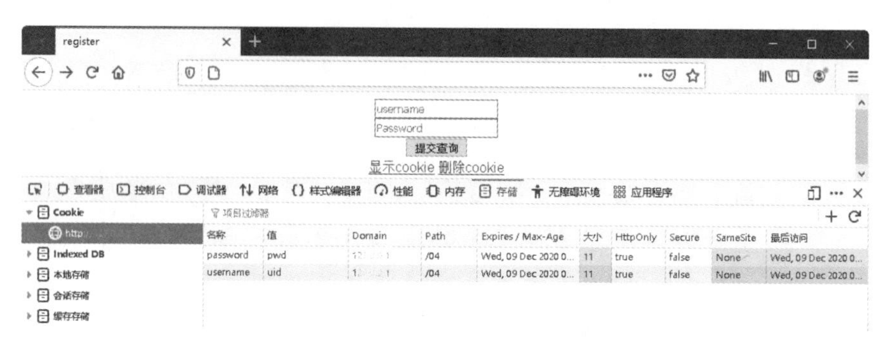

图 4-4　提交 Username 和 Password 之后调试器中显示的 cookie

cookie 在使用和管理上还是很方便的，需要关注的是有关 cookie 使用上的一些关键限制，具体如下。

❶ 每次都与服务器进行信息交换，浪费网络带宽。

❷ 无论之前是否关闭浏览器，在 cookie 的有效期内都可以通过浏览器直接对已授权系统进行访问而无须重新登录。

❸ 关闭浏览器不能自动清除 cookie。

❹ cookie 的存储空间有限，一般不超过 4KB。

❺ cookie 通常以键值对的方式体现，也就是以字符串的方式保存。

❻ cookie 在客户端一般以明文方式进行存储，可以直接利用浏览器查看其中的信息，这导致安全性较差。

❼ 注意浏览器的安全设置，是否开启了支持 cookie 的选项。

❽ 对浏览器来说，一个服务器所能存储的 cookie 数量有一定的限制，通常能存储的 cookie 数据最多为 20 个（提示：不同浏览器对本地 cookie 数量的限制并不是完全相同的）。当超过此数量时，浏览器会根据时间的先后顺序将最早的 cookie 从本地清除，以释放出 cookie 资源（尽管这个结果并不一定是网站的设计者和使用者所期望的）。如果项目中不涉及个人隐私，不涉及一些重要信息的网络传输，且信息大小和数量又较为有限，那么 cookie 还是一个非常方便的工具。

从图 4-5 所示的对信息的调试可以看出：在网络传输中很容易从信息头中获取 cookie 信息。目前，网络上有很多具有嗅探功能的工具，以及对本地浏览器中的 cookie 信息进行遍历的工具，这些工具虽然给开发带来了便利，但也带来了安全威胁。如制造出一些虚假的cookie来骗取服务器的信任，用于破解某些安全防护较差的用户的个人信息和隐私等。

图 4–5　代码 4–1 与服务器通信的消息头

此外，在设置 cookie 时，建议设置有效期，当超过有效期后，用户就无法借助 cookie 进行操作。在 cookie 所设置的有效期内，用户打开浏览器，就可以借助 cookie 进行操作。

清除 cookie，通常可以采用如下方法：

❶ 在浏览之前启动客户端浏览器的“隐私浏览模式”；

❷ 通过服务器设置主动删除 cookie，或者设置为空字符串，同时将有效期设置为当前时间以前的时间；

❸ 利用客户端浏览器本身的管理功能，清除全部或者部分本地 cookie；

❹ 超过“过期时间”后，cookie 会自动失效。

4.1.2 cookie 安全防护

cookie 存在安全威胁，如 XSS 就可以利用存储在客户端的 cookie 来对应用进行攻击。解决 cookie 的安全防护问题可以从以下几个方面着手。

1. 配置 HttpOnly

为了降低 XSS 带来的信息泄露风险，从 IE 6sp1 开始为 cookie 引入了一个新的属性，即 HttpOnly。HttpOnly 的作用是让 cookie 仅允许通过 HTTP 对服务器进行访问，不能通过 JavaScript 访问，从而提升了对 XSS 的防护能力。

在代码4-2的 `setcookie("username", $_POST['uid'], time()+120, NULL, NULL, NULL, TRUE);` 语句中的 setcookie() 是 PHP 中设置 cookie 的函数。Setookie() 函数中的最后一个参数决定了 HttpOnly 实施与否。

思考与提示

HttpOnly 通常需要和其他技术组合使用。如果单独使用，HttpOnly 无法全面抵御跨站点脚本攻击，仅能起到降低 XSS 攻击风险的作用。

---

2. 设置使用范围

cookie 的使用范围包括两个方面：时间和域。

在时间方面，由于 cookie 在会话结束后并不主动删除，因此其时效性就显得非常重要。为此需要专门对其进行设置。

在代码 4-2 的 `setcookie("username", $_POST['uid'], time()+120, NULL, NULL, NULL, TRUE);` 语句中，setcookie() 函数的第 3 个参数 time()+120 是对 cookie 有效期的设置。

在域方面，需要对 cookie 有效的域和路径进行约束，使其仅在规定的域和路径中有效。代码 4-3 通过使 cookie 过期的方式实现对 cookie 的删除。

在代码4-2的 `setcookie("username", $_POST['uid'], time()+120, NULL, NULL, NULL, TRUE);` 语句中，setcookie() 函数第 4 和第 5 个参数负责域和路径的设置。其中，第 4 个参数负责设置 cookie 在服务器中的有效路径。当默认设置为 '/' 时，cookie

对整个域有效，如果将其设置为某一具体路径，如 '/03/' 时，cookie 仅在域的 /03/ 目录（含子目录）内有效。第 5 个参数负责设置 cookie 有效的域名，如 www.ptpress.com.cn，这将会使 cookie 在该域中有效。特别需要说明的是，尽量不要将域设置成诸如 *.ptpress.com.cn 这样的形式，而要尽量精确地设置 cookie 的有效域。

思考与提示

由于本书的示例全部运行在非生产环境下，因此没有设置域和路径。但是域和路径的设置有助于 cookie 的安全防护，在生产环境中是防护的重要组成部分。

3. secure 配置

将 secure 设置为 true 后，只有当使用加密的 HTTPS 进行浏览器与服务器连接时才会将 cookie 发送给服务器。若使用 HTTP，则无法发送 cookie。这种做法可有效地避免 session ID 的泄露。

4.2　session

session 被称作“会话控制”，其作用是存储特定用户的会话所需的属性和配置信息。存储在 session 对象中的变量在整个用户的会话过程中一直存在。

4.2.1　初识 session

session 是用户第一次向服务器进行连接申请服务时，由服务器生成的一个唯一标记，用于区别用户并对用户进行权限隔离。服务器根据应用的需要对用户的有效性进行判断，是 session 应用中非常重要的特性，这个特性被广泛应用于对用户权限有要求的系统中，如电子邮件系统、电子商务系统、办公系统等。session 可以利用 cookie 保存在用户的浏览器中，也可以放到 URL 中。session 与 cookie 之间的区别是在关闭浏览器或者超过有效期后，session 会自动失效。

每个 session 只在当前用户和服务器进行通信互动时才会起作用，当用户关闭浏览器后，无论是在本地重新打开浏览器或用其他设备中的浏览器对服务器再次进行访问，凭借原 session 值无法对系统进行访问。每一个 session 值都是不同的，从而保证了用户与服务器之间通信的唯一性；如果用户长时间没有发出任何请求，当超过 session 设置的有效期后，session 也会自动失效。

session 原则上没有存储空间大小的限制，存储空间的大小是根据服务器上具体应用的需要和软、硬件环境进行分配的。这样分配存储空间的缺点是，在用户数量急剧增加的情况下，由于 session 被大量使用，可能会导致服务器的性能下降。

session 是一类常见且非常实用的服务器技术，其对浏览器几乎没有什么特殊要求，使用 session 时也不需要在浏览器进行任何特定的设置。但这里要特别强调的是，不同的服务器供应商往往都有自己独特的实施方案。

session 将重要的信息保存在服务器，浏览器或者其他工具只要不攻破服务器的安全保护，理论上就无法获取相应数据。此外，借助 cookie 和 session 可以在客户端保存一些简单的信息，重要的信息仍保存在服务器。

session 与 cookie 都是为解决 HTTP 下的用户状态识别问题而创造出来的，都是用来跟踪浏览器用户身份的。cookie 和 session 的区别如表 4-1 所示。

表 4-1 cookie 和 session 的区别

区别之处	cookie	session
机制	在客户端保持状态	在服务器保持状态
存储位置	保存在客户端	保存在服务器（客户端以 cookie 辅助存放）
安全性	低	高

下面通过一个示例来观察 session 生成和注销的过程，如代码 4-5 所示。

代码 4-5

```
1  <!DOCTYPE html>
2  <html>
3      <head>
4          <meta charset="utf-8" />
5          <title>login</title>
```

```
6          <style>
7              .wrap{
8                  text-align: center;
9              }
10         </style>
11     </head>
12     <body>
13         <div class="wrap">
14             <div style="display: inline">
15                 <form action="setsession.php" method="post">
16                   <input type="text" name="uid"
17 placeholder="username" autocomplete="off" /><br />
18                   <input type="password" name="pwd"
19 placeholder="Password" autocomplete="off" /><br />
20                   <input type="submit" />
21                 </form>
22             </div>
23             <div>
24                 <a href="showsession.php">显示 session</a>
25                 <a href="erasesession.php">删除 session</a>
26             </div>
27         </div>
28     </body>
29 </html>
```

运行代码 4-5，点击 “提交查询” 按钮后，将调用 setsession.php，并执行。setsession.php 是一个 PHP 程序，其功能为设置 session 值，如代码 4-6 所示。

代码 4–6

```
1  <?php
2      session_start();
3      $_SESSION["username"]=$_POST['uid'];
4      $_SESSION["password"]=$_POST['pwd'];
5      $_SESSION["status"]=1;
6  ?>
7  <!DOCTYPE html>
8  <html>
9      <head>
10         <meta charset="utf-8" />
```

```
11      </head>
12      <body>
13          设置完成
14      </body>
15  </html>
```

运行代码 4-5，点击“显示 session”链接后，将调用 showsession.php，并执行。showsession.php 程序的功能主要是向用户展示 session 值，如代码 4-7 所示。

代码 4—7

```
1   <?php
2       session_start();
3   ?>
4   <!DOCTYPE html>
5   <html>
6       <head>
7           <meta charset="utf-8" />
8       </head>
9       <body>
10          <?php echo " 获取 session 值：<br />\r\n";
11          echo "\t\tusername:".$_SESSION[ “username” ]."<br />\r\n";
12          echo "\t\tpassword:".$_SESSION["password"]."<br />\r\n";
13          echo "\t\tstatus:".$_SESSION["status"]."\r\n";?>
14      </body>
15  </html>
```

运行代码 4-5，点击“删除 session”链接后，将调用 erasession.php，并执行。erasession.php 程序的功能主要是删除 session，如代码 4-8 所示。

代码 4—8

```
1   <?php
2       session_start();
3       unset($_SESSION['password']);
4   ?>
5   <!DOCTYPE html>
6   <html>
7       <head>
```

```
8        <meta charset="utf-8" />
9     </head>
10       <body>
11           清除 password
12       </body>
13 </html>
```

运行代码 4-5，浏览其生成的网页，用户通过控制器可以在 cookie 数据存储的位置清楚地看到没有任何 session 存在，如图 4-6 所示，本示例并不存在 session 数据。

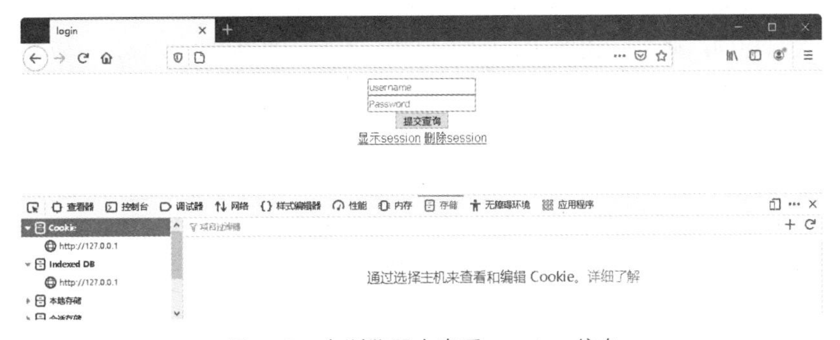

图 4–6　在浏览器中查看 session 信息

当用户在图 4-6 所示的页面中输入并提交 username 和 password 之后，就会看到图 4-7 中出现了一个 session。这里的 session 和图 4-4 所显示的 cookie 看上去类似，不同的是 session 的值不是先前输入的数值，而是一串加密过的字符串：990b388f9d18bda527c51170 6990cdee。另外，session 的“过期时间”为“会话”。

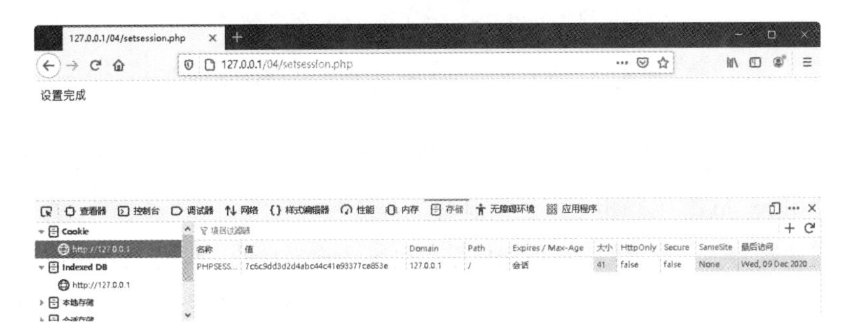

图 4–7　用户登录后，在浏览器中查看 session 信息

当用户向服务器提交其输入的信息之后，系统会运行代码 4-6，执行 session_start(); 的调用，告知服务器去启动 session，然后将从浏览器传送过来的数据保存到服务器的 session 文件中。

生成 session 后，只要不关闭浏览器就可以持续与服务器会话。点击“删除 session”链接后，用户提交的 password 会被清除，而 username 和 status 的值不会被清除。如果 session 里的信息太多，可以采用 session_destroy() 替代代码 4-8 中第 3 行的内容。执行 session_destroy() 后，session 被清空。

尝试在关闭浏览器后重新通过浏览器与服务器进行连接，观察调试器里面 session 的值是否每次都相同。通过对比图 4-7 与图 4-8 中 session 的值可以发现，二者并不相同，这就说明：每个用户，甚至同一个用户访问浏览器的时候，如果不是同一次访问，那么服务器为用户每次访问所设置的初始化标识（session ID）是不同的。

```
▼ 数据
 ▼ PHPSESSID: "990b388f9d18bda527c511706990cdee"
    Domain: "127.0.0.1"
    Expires / Max-Age: "会话"
    HostOnly: true
    HttpOnly: false
    Path: "/"
    SameSite: "None"
    Secure: false
    创建于: "Wed, 09 Dec 2020 02:33:03 GMT"
    大小: 41
    最后访问: "Wed, 09 Dec 2020 02:42:25 GMT"
```

图 4–8 查看代码 4–5 运行中的 PHPSESSID

由于 session 数据都保存在服务器中，因此数据的可靠性、安全性大大提高，用户可以放心地使用 session，无须担心信息的泄露。

虽然服务器为用户设置的 session ID 是可以被用户看到的，但是只要用户关闭浏览器后再次打开，服务器自动随机地生成一个新的 session ID。以此为基础，再辅助其他安全防护措施，来应付盗取网络用户数据信息的一般恶意攻击者还是绰绰有余的。如果需要更高等级的安全保障，仅仅采用 session 这一种防护措施是远远不够的。

4.2.2　session 安全防护

session 虽然比 cookie 更安全，但是在开发过程中还是要从以下多个方面进行防护。

1. 对 cookie 进行防护

由于 session ID 使用 cookie 和 URL 参数来传递，因此对 cookie 的安全防护就变得非常重要。有效地对 cookie 进行防护，可以降低 session ID 被非法获得的风险，从而避免 session 劫持事件的发生，提高 session 的安全防护质量。

2. 主动关闭 session

在开发中，开发者经常会忽略主动关闭 session，或没有删除包含 session ID 的 cookie、session 全部文件，这便使别有用心者有了可乘之机。因此，主动关闭 session 应当成为开发者的良好习惯和首选方法。

此外，可以使 cookie 和 session 的有效期保持一致，只要超过有效期，即使因疏忽没有删除 session，也可以通过 cookie 失效，使 session 同时失效。不过这样处理会因 session 对应的文件并没有删除，而使别有用心者仍有机会获取 session ID，因此不推荐将此方法作为主要的 session 处理方法。

3. 定期变更 session ID

为防止 session ID 被别有用心者获得，建议定期变更 session ID，使别有用心者即使拿到也是过期和无效的 session ID。

4.3　WebStorage

WebStorage 是 HTML5 引入的客户端本地存储，其与 cookie 类似。WebStorage 的存储空间比 cookie 的 4KB 存储空间大很多，一般为每个网站 5MB。HTML5 有 localStorage 和 sessionStorage 两种在客户端的本地存储方法。

4.3.1 localStorage

localStorage用于持久化的本地存储，数据除非被主动删除，否则永远不会过期。

1. 初识localStorage

（1）localStorage的优势

❶ localStorage突破了cookie的4KB存储空间的限制；

❷ localStorage可以将第一次请求的数据直接存储到本地，由于localStorage的存储空间是5MB，相对仅有4KB存储空间的cookie来说可以存放更多的数据，从而节约了通信带宽；

❸ localStorage不能被爬虫抓取到。

（2）localStorage的局限

❶ 不同浏览器对localStorage的支持情况不同，如IE 8以上版本的IE才支持localStorage；

❷ 目前所有的浏览器都会把localStorage值的类型限定为string类型，在使用比较常见的JSON对象类型时需要进行额外转换；

❸ 在浏览器的隐私模式下，localStorage是无法被读取的；

❹ localStorage本质上是指对字符串进行读取，在存储信息较多的情况下，会消耗内存空间，并导致页面访问变得缓慢。

代码4-9是localStorage的示例。该示例可以实现localStorage的可用性检查（判断系统是否支持）、添加数据、设置数据、清除指定数据、清除全部数据、显示数据等功能。

代码4-9

```
1  <!DOCTYPE html>
2  <html>
3      <head>
4          <meta charset="utf-8" />
5              <style>
6                  .wrap{
7                      text-align: center;
8                  }
```

```
9               </style>
10          <title> localStorage 演示页面 1</title>
11          <script>
12              function check(){// 判断系统是否支持
13                  if (window.localStorage) {
14                      alert(" 支持 localStorage");
15                  }else{
16                      alert(" 不支持 localStorage");
17                  }
18              }
19              function add(){// 添加数据
20                  if(window.localStorage){
21                      keyName=document.getElementById('key').value;
22                      value=document.getElementById('value').value;
23                      localStorage.setItem(keyName, value);
24                  }else{
25                      alert(" 不支持 localStorage");
26                  }
27              }
28              function set(){// 设置数据
29                  if(window.localStorage){
30                      keyName=document.getElementById('key').value;
31                      value=document.getElementById('value').value;
32                      localStorage.setItem(keyName, value);
33                  }else{
34                      alert(" 不支持 localStorage");
35                  }
36              }
37              function remove(){// 清除指定数据
38                  if(window.localStorage){
39                      keyName=document.getElementById('key').value;
40                      localStorage.removeItem(keyName);
41                  }else{
42                      alert(" 不支持 localStorage");
43                  }
44              }
45              function clearAll(){// 清除全部数据
46                  if(window.localStorage){
47                      localStorage.clear();
48                  }else{
```

```
49                          alert(" 不支持 localStorage");
50                      }
51                  }
52                  function show(){ // 显示数据
53                      if(window.localStorage){
54                          keyName=document.getElementById('key').value;
55                          alert(localStorage.getItem(keyName));
56                      }else{
57                          alert(" 不支持 localStorage");
58                      }
59                  }
60                  </script>
61              </head>
62      <body>
63          <div class="wrap">
64              <div style="display: inline">
65                  <input type="text" id="key" value=""
66 placeholder="key" /> <br/>
67                  <input type="text" id="value" value=""
68 placeholder="value" /> <br/>
69                  <br />
70                  <input type="button" value=" 判断系统是否支持 "
71 onclick="check();" />
72                  <input type="button" value=" 添加数据 "
73 onclick="add();" /><br/>
74                  <input type="button" value=" 设置数据 "onclick="set();" />
75                  <input type="button" value=" 清除指定数据 "
76 onclick="remove();" /><br/>
77                  <input type="button" value=" 清除全部数据 "
78 onclick="clearAll();" />
79                  <input type="button" value=" 显示数据 "
80 onclick="show();" /><br/>
81              </div>
82          </div>
83      </body>
84 </html>
```

代码 4-9 中使用了很多的 JavaScript 代码，页面按钮及其对应的功能和 JavaScript 函数如表 4-2 所示。

表 4-2　代码 4-9 中的页面按钮及其对应的功能和 JavaScript 函数

页面按钮	功　能	JavaScript 函数
判断系统是否支持	判断系统是否支持 localStorage	check()
添加数据	其中“键名称”是在存储中给出的名字，值就是对应的数据	add()
设置数据	给已有的“键名称”赋予新的数据	set()
清除指定数据	根据“键名称”清除本地存储的数据，这和将“键名称”设置成空字符串的性质是不一样的	remove()
清除全部数据	清除全部已存在的数据	clearAll()
显示数据	显示指定“键名称”的数据	show()

代码 4-9 中的 JavaScript 代码中使用了 localStorage 自带的方法。localStorage 常用的方法如表 4-3 所示。

表 4-3　localStorage 常用的方法

名　称	功　能
setItem()	存储数据、增加数据及修改数据
getItem()	读取数据
removeItem()	删除某个数据
clear()	删除全部数据

思考与提示

在代码 4-9 中，add() 与 set() 函数的代码是一样的。初次接触 localStorege 的时候，容易想当然地认为 localStorage 存在 addItem() 方法，但实际上，addItem() 方法是不存在的。因此，仔细阅读相关的资料是很重要的。

运行代码 4-9，在显示出的页面中进行“添加数据”操作，效果如图 4-9 所示。从图 4-9 可以看到：本地存储中增加了“赵”“钱”“孙”“李”4 个键值。用户可以通过“设置数据”

操作，将键值“李”的值修改为“4”，可以将键值“孙”指定清除，还可以清除全部数据。

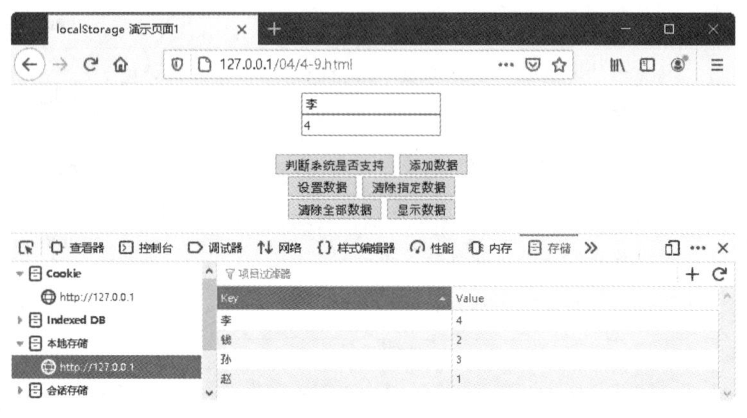

图 4–9 查看 localStorage 的键值

2. localStorage 与安全

localStorage 作为 HTML5 新增的本地存储，在安全方面表现得并不是很好，其原因在于缺乏相应的安全防护机制。

由于 localStorage 在同一网站的所有页面中可以进行共享，因此，不同的网页可以通过相同的键名对 localStorage 中的存储信息进行读取和修改，其结果是有可能影响到其他页面 localStorage 中数据的存储安全。localStorage 的这一缺陷可通过如下操作来验证。

将代码 4-9 复制一份，并将复制的代码中的第 10 行代码 <title> localStorage 演示页面 1</title>，修改为 <title> localStorage 演示页面 2</title>，以方便在验证过程中通过标题栏对两个网页进行识别。修改后的代码为代码 4-10，由于改动较小，故未在此处列出，读者可在配书资源中获取代码 4-10。

在同一浏览器中，同时访问代码 4-9 编写的页面及代码 4-10 编写的页面，并对浏览器的 Web 开发者中的本地存储进行观察，可以发现以下几个现象。

❶ 在代码 4-9 编写的页面中设置键值为“周”，值为“5”之后（尽管未在代码 4-10 编写的页面中进行同样的操作），也会在代码 4-10 编写的页面的浏览器调试器中出现“周”这个键值，如图 4-10 所示。

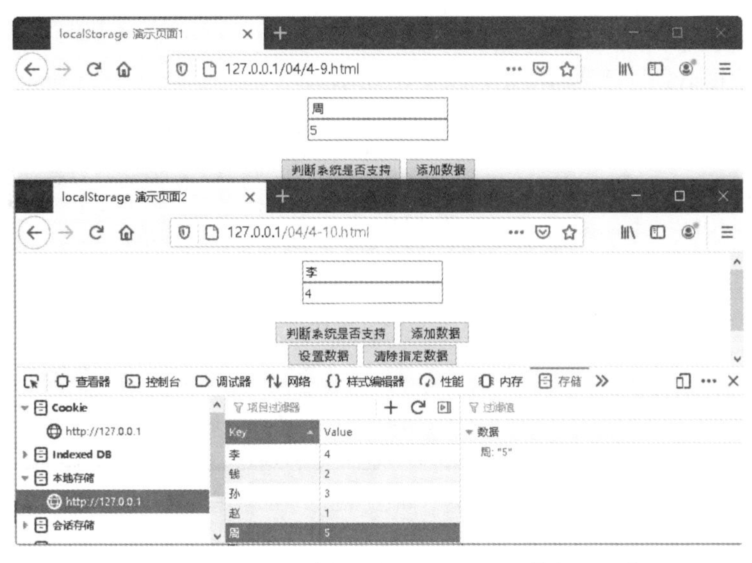

图 4–10　验证同一浏览器中 localStorage 数据的共享 1

❷　在代码 4-9 编写的页面清除内容为“李”的键值后，再查询代码 4-10 编写的页面内容为“李”的键值时，页面会因为没有这个键值而报错，如图 4-11 所示。

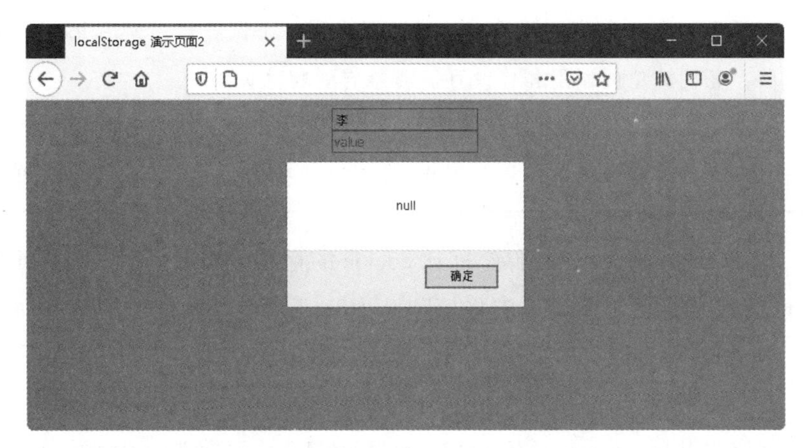

图 4–11　验证同一浏览器中 localStorage 数据的共享 2

显然，可以通过 localStorage 使代码 4-9 与代码 4-10 编写的页面实现数据共享，这种共享是基于同一浏览器实现的，但在不同的浏览器之间，甚至是基于同样内核的不同浏览器之间无法实现数据共享。如在这个示例中，利用 IE 执行“显示数据”的操作就无法获取相应的数据信息，其报错信息如图 4-12 所示。

图 4–12 验证不同浏览器之间 localStorage 数据共享的报错信息

思考与提示

对同一网站的同一个页面，在不同厂商的浏览器中使用 localStorage，原则上它们之间没有任何冲突或者重叠的危险，因为从原理上来讲，不同厂商的浏览器本地存储的位置和方法一般不同，所以它们之间没有冲突；而在同一个浏览器中使用 localStorage 则会存在安全风险，相同键值的调用和修改可能会影响到其他页面。

开发者要慎重对待 localStorage 中键值的命名，避免在同一域内重复使用相同的键值。

为了保证安全，建议做好数据回收工作，以防这些“永久”存储的数据被他人利用。

此外，由于 localStorage 的存储空间比 cookie 的存储空间大得多，一些开发者希望将身份验证的数据直接从 cookie 中移植到 localStorage 中。就目前的情况而言，由于 localStorage 对 XSS 没有任何的抵御机制，与拥有 HttpOnly 等安全防护的 cookie 相比差距过大，因此一旦将身份验证数据移植过来，就会面临 XSS 攻击的威胁。

在此，建议使用 localStorage 的开发者，在开发过程中要遵守以下原则。

（1）不要存储敏感信息

由于 localStorage 缺乏安全防护机制，因此 localStorage 随时面临着诸如 XSS 攻击的威胁。在 localStorage 中存储身份验证信息或敏感信息显然是非常危险的。而对展示类、动画类等非核心代码，则完全可以在 localStorage 中进行存储，将其作为移动设备的缓存空间使用。

（2）对输入、输出的数据进行严格的过滤

为了方便再次加载数据，开发者常常会把数据存储在本地，当再次加载数据的时候，可直接从本地读取，并在网页上显示。在某些情况下，如果在写入或读取 localStorage 中存储的数据时，未进行严格的输入、输出过滤，就极易产生 XSS 攻击威胁。

4.3.2 sessionStorage

sessionStorage 是用于会话（session）的本地存储。这些被存储的会话数据只有在同一个页面中才能访问，当页面关闭后数据也会随之销毁。

sessionStorage 和 localStorage 的使用方法基本一致，但它们的生命周期却不同。如果 localStorage 不经开发者处理，或者没有利用浏览器对其进行清理，即便关闭浏览器，下次再访问同一站点的时候，数据仍在且没有变化；而 sessionStorage 是一种在“会话期间”才有效的存储方式，只要把浏览器关闭，下次再进行访问时，数据将不复存在。

代码 4-11 所示的是一个 sessionStorage 示例，能实现 sessionStorage 可用性检查（判断系统是否支持）、添加数据、设置数据、清除指定数据、清除全部数据、显示数据等功能。

代码 4-11

```
1 <!DOCTYPE html>
2 <html>
3     <head>
4         <meta charset="utf-8" />
5         <style>
6             .wrap{
7                 text-align: center;
8             }
9         </style>
10        <title> sessionStorage 演示页面 </title>
11        <script>
12            function check(){// 断断系统是否支持
13                if (window.sessionStorage) {
```

```
14                    alert(" 支持 sessionStorage");
15                }else{
16                    alert(" 不支持 sessionStorage");
17                }
18            }
19            function set(){// 添加数据、设置数据
20                if(window.sessionStorage){
21                    keyName=document.getElementById('key').value;
22                    value=document.getElementById('value').value;
23                    sessionStorage.setItem(keyName, value);
24                }else{
25                    alert(" 不支持 sessionStorage");
26                }
27            }
28            function remove(){// 清除指定数据
29                if(window.sessionStorage){
30                    keyName=document.getElementById('key').value;
31                    sessionStorage.removeItem(keyName);
32                }else{
33                    alert(" 不支持 sessionStorage");
34                }
35            }
36            function clearAll(){// 清除全部数据
37                if(window.sessionStorage){
38                    sessionStorage.clear();
39                }else{
40                    alert(" 不支持 sessionStorage");
41                    }
42            }
43            function show(){// 显示数据
44                if(window.sessionStorage){
45                    keyName=document.getElementById('key').value;
46                    alert(sessionStorage.getItem(keyName));
47                }else{
48                    alert(" 不支持 sessionStorage");
49                }
50            }
51        </script>
52    </head>
53    <body>
```

```
54          <div class="wrap">
55              <div style="display: inline">
56                  <input type="text" id="key" value=""
57 placeholder="key" /> <br/>
58                  <input type="text" id="value" value=""
59 placeholder="value" /> <br/>
60                  <br />
61                  <input type="button" value="判断系统是否支持"
62 onclick="check();" />
63                  <input type="button" value="添加数据" onclick="set();"
64 /><br/>
65                  <input type="button" value="设置数据" onclick="set();" />
66                  <input type="button" value="清除指定数据"
67 onclick="remove();" /><br/>
68                  <input type="button" value="清除全部数据"
69 onclick="clearAll();" />
70                  <input type="button" value="显示数据"
71 onclick="show();" /><br/>
72              </div>
73          </div>
74      </body>
75 </html>
```

代码 4-11 中使用了很多 JavaScript 代码，页面按钮及其对应的功能和 JavaScript 函数如表 4-4 所示。

表 4-4　代码 4-11 中的页面按钮及其对应的功能和 JavaScript 函数

页面按钮	功　能	JavaScript 函数
判断系统是否支持	判断系统是否支持 sessionStorage	check()
添加数据 / 设置数据	其中“键名称”是在存储中给出的名字，值就是对应的数据	set()
清除指定数据	根据“键名称”清除本地存储的数据，这和将“键名称”设置成空字符串的性质是不一样的	remove()
清除全部数据	清除全部已存在的数据	clearAll()
显示数据	显示指定“键名称”的数据	show()

代码 4-11 中的 JavaScript 代码中使用了 sessiontorage 自带的方法。sessionStorage 常用的方法如表 4-5 所示。

表 4-5 sessionStorage 常用的方法

名称	功能
setItem()	存储数据、增加数据及修改数据
getItem()	读取数据
removeItem()	删除某个数据
clear()	删除全部数据

当用户在代码 4-11 编写的页面中输入数据后，会在调试器的会话存储中得到相应的键值，如图 4-13 所示。当关闭当前浏览器（或标签页）后重新访问该网页时会发现，图 4-13 所示的键值已经消失。

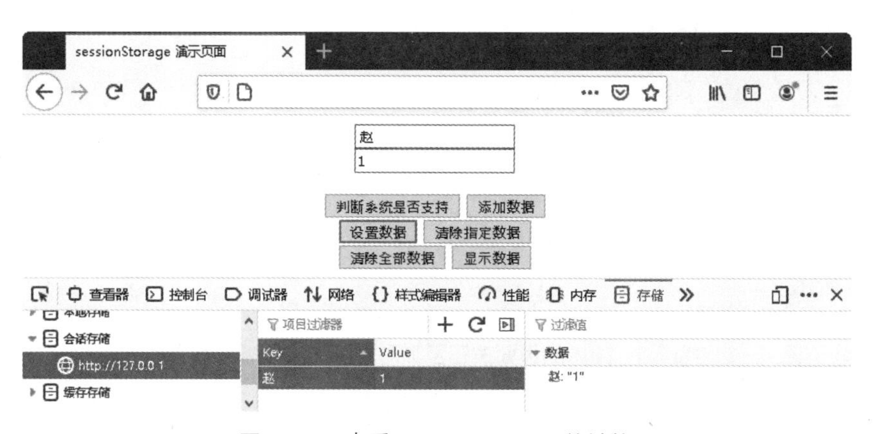

图 4-13 查看 sessionStorage 的键值

用类似 localStorage 中做过的实验来验证 sessionStorage 的安全，查看 sessionStorage 是否有共享信息现象的存在。查看的具体操作如下。

❶ 将代码 4-11 复制一份，并将复制的代码中的第 10 行代码 `<title> sessionStorage 演示页面 </title>`，修改为 `<title> sessionStorage 演示页面 2</title>`，以方便在验证过程中通过标题栏对两个网页进行区分。修改后的代码为代码 4-12，由于改动较小，故未在此处列出，读者可在配书资源中获取代码 4-12。

❷ 访问代码 4-12 编写的页面后，对浏览器的 Web 开发者中的会话存储进行观察可发现，会话存储中并没有出现代码 4-11 编写的网页所在浏览器中的键值，如图 4-14 所示。从而验证了 sessionStorage 是基于 session 进行存储的，不会因本地存储共享而产生安全隐患。

图 4-14　验证同一浏览器下 sessionStorage 的数据保护

思考与提示

在应用中，如果不想在浏览器永久保存一些临时数据，或者不想每次都需要从服务器上获取参数再在本地生成新数据，那么可以优先考虑采用 sessionStorage，让浏览器做好关闭后的清理工作。

第 3 篇

温泉关的牧羊古道
——服务器端安全防护

在电影《斯巴达 300 勇士》中，斯巴达人骁勇善战，面对波斯国王的进攻，斯巴达国王列奥尼达斯（Leonidas）率希腊联军扼守地势险要的温泉关，奋战 3 昼夜。让波斯军队付出了惨痛代价的 300 位勇士英勇作战，直至全部战死。据说其最终战败的原因是有当地人向敌人出卖了一条通往温泉关的牧羊古道的信息。

H5 的安全也是一样，尽管有前端的严密防御和对通信的认真核查，但是如果别有用心者绕过前端直接对不设防的服务器进行操作，那么前端和通信的安全防护做得再完美，也无法挽回服务器的“陷落”。

第 5 章

服务器构架与安全

很多应用虽然在前端、通信进行了安全防护，但仍不能完全保证应用的安全，因为服务器的安全防护不完备。服务器的安全防护相对复杂，内容涉及面广，其安全隐患不仅有操作系统层面的、软件层面的、应用代码层面的，还包括物理层面的。对别有用心者而言，他们会绕开系统使用脚本直接侵入服务器系统，其结果正如薛西斯的大军通过牧羊古道造成温泉关的陷落一样。本章主要内容如图 5-1 所示。读者通过学习，可以了解和掌握通过构架服务器来提高服务器操作系统和应用服务软件安全防护的方法，避免服务器出现安全问题。

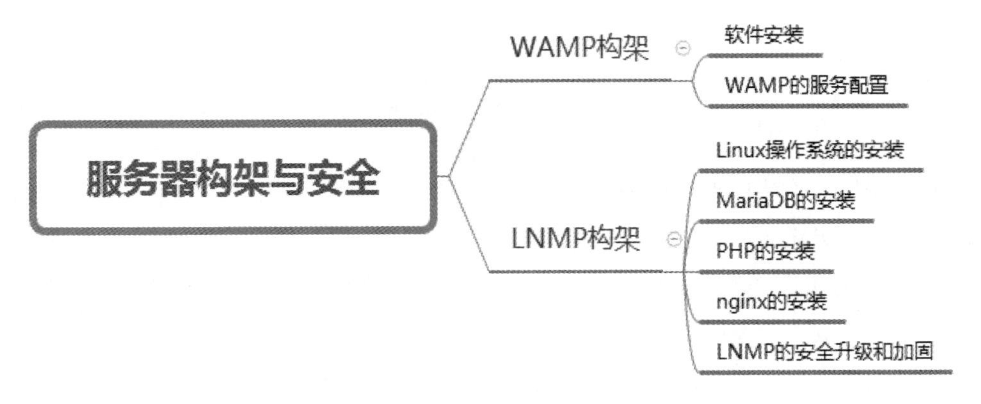

图 5-1　本章主要内容

5.1 WAMP 构架

应用安全不仅指应用自身的安全，还指系统的、整体的安全。尽管应用本身的安全能尽量做得完备，但如果应用所在的服务器存在防护不严密的情况，同样会使别有用心者入侵应用，可见服务器构架的安全是多么重要。

本书部分示例运行在 IPv4 网络中，依托的是 Windows 10 操作系统，采用的主要服务可以简称为 WAMP，其中 W 为 Windows 的缩写，是系统所使用的平台，提供的是平台服务（在生产环境中通常使用 Windows Server 版本）；A 是 Apache 的缩写，是开源 Web 服务器框架，提供的是 Web 服务；M 是 MySQL 的缩写，是开源数据库服务器软件，提供的是数据库服务；P 则是 PHP 的缩写，是利用 Apache 对外提供动态页面的脚本语言，提供的是动态页面等服务，四者形成的 WAMP 构架模型如图 5-2 所示。

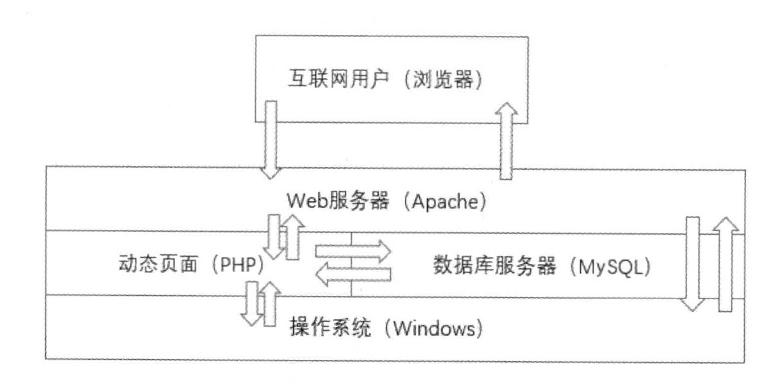

图 5-2　WAMP 构架模型

WAMP 的工作流程通常如下。

❶ 用户通过浏览器向 Web 服务器提出访问申请。

❷ Apache 对用户申请进行响应判断，当用户的请求为静态内容时，Apache 就会直接向操作系统发出指令，并将用户请求的信息反馈给用户，如一般性的文件、图片；当用户的请求为动态内容时，Apache 就会将请求发送给 PHP 继续执行。

❸ 当 PHP 接收执行请求后，如果接收的请求仅需要 PHP 处理即可完成，就会将请求反馈的结果返回给 Apache，再由 Apache 反馈给用户，如用户请求的一般性计算；如果

PHP在处理过程中需要保存信息到服务器，PHP就会调用操作系统的功能进行处理，然后将处理结果返回给Apache，再由Apache反馈给用户，如文件上传保存处理；如果PHP在处理过程中涉及数据库的操作，PHP就会调用数据库服务器进行相关处理，然后处理结果会返回给Apache，再由Apache反馈给用户。

❹ 数据库的主要任务包括对数据库中的库、表及数据进行增、删、改、查等操作。

下面仅对在服务器中安装Apache、PHP，以及MySQL进行探讨。

思考与提示

由于Apache、PHP、MySQL可以跨操作系统使用，因此对那些不愿意在虚拟机上构架系统环境的开发者来说，在自己合法授权的Windows操作系统（如Windows 7）中架设WAMP是一个不错的选择。在实际生产环境中，选择Windows Server作为系统环境更为适宜。

5.1.1 软件安装

1. Apache的安装

Apache的全称是Apache HTTP Server。Apache是Apache软件基金会的一个开放源代码的Web服务器，其具有跨平台的特点，是目前最流行的Web服务器软件之一，可以在大多数的计算机操作系统中运行，并被广泛使用。Apache的主要特性包括支持HTTP/1.1通信协议，支持基于IP地址和基于域名的虚拟主机，支持多种方式的HTTP认证，支持实时监视服务器状态和定制服务器日志，支持SSL协议，支持FastCGI，通过第三方模块可以支持JavaServlets等。

安装Apache的具体步骤如下。

第1步：打开Apache Haus的官网，进入Apache下载页面，如图5-3所示。

第2步：选择版本和安装方式。图5-3所示的Apache下载页面中，有多个可供用户选择的Apache版本。选择版本时，要根据操作系统的类型来考虑（Windows操作系统或Linux操作系统，32位操作系统或64位操作系统）。安装的方式可以选择安装包安装或使用源代码在本地编译安装。

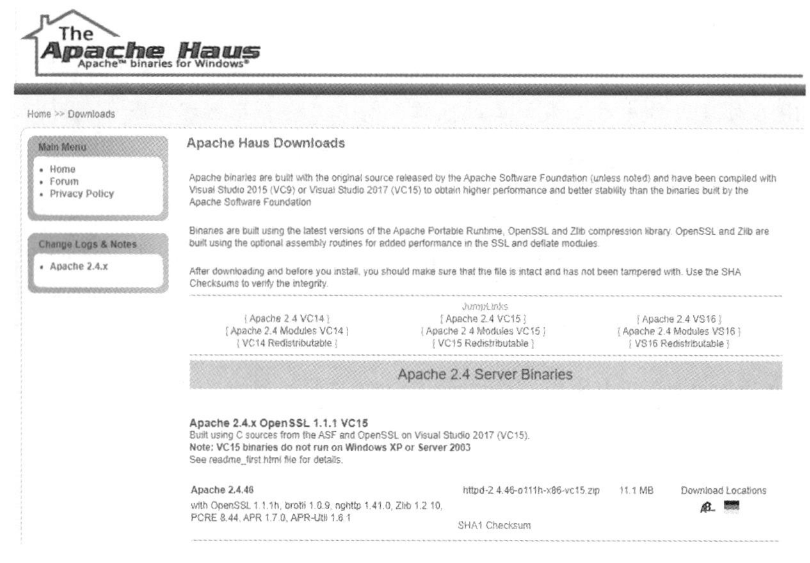

图 5-3　Apache Haus 的下载页面

本书选择的安装方式是：下载安装包进行安装。从文件名可以看出该版本支持 Windows 32 位操作系统，在 VC15（Visual Studio C++ 2017）下进行编译的 2.4.46 版本。

第 3 步：文件下载后将文件解压缩到预先规划好的目录中即可完成安装工作。解压缩后会有一个 ReadMe.txt 文件，里面是关于 Apache 的相关说明信息。说明信息中包含了该压缩包的发布时间，可执行文件的编译人员的联系方式，以及安装运行的必要条件，如对操作系统的要求、对动态库的要求、如何运行、如何对旧版本进行升级等内容。此外，说明信息中还有免责声明等。

思考与提示

❶ 由于 Apache 会不断地更新，因此用户在安装 Apache 时，需要先在 Apache 官网查找最新版本来安装。

❷ 用户在安装 Apache 之前应仔细阅读 Apache 的 license（许可），以及压缩包里的 ReadMe.txt 文件。

2. PHP 的安装

PHP（Hypertext Preprocessor）的中文含义是超文本预处理过程。PHP 于 1994 年由 Rasmus Lerdorf 创建。PHP 最初只是 Rasmus Lerdorf 为了维护个人网页，用 Perl 编写的一些程序，后来他又用 C 语言重新编写。Rasmus Lerdorf 将 PHP 发布后，PHP 受到了广大互联网开发者喜爱，有很多开发者还加入了开发群体，将 PHP 提升到非商业软件主流的高度。PHP 的特点主要包括：PHP 融合了 C、Java、Perl 等语言的语法，语法独特；PHP 可以比 CGI 或者 Perl 更快速地执行动态网页；PHP 几乎支持所有流行的数据库和操作系统；PHP 可以用 C、C++ 进行程序扩展。

安装 PHP 与安装 Apache 的过程和方法类似，具体步骤如下。

第 1 步：打开 PHP 官网，如图 5-4 所示。单击“Downloads”，可进入安装包下载页面。

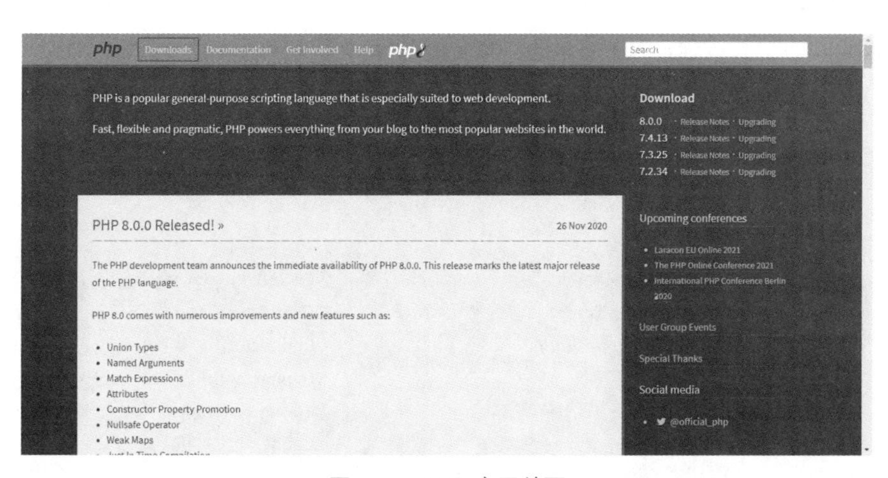

图 5-4　PHP 官网首页

第 2 步：选择版本并下载安装包。本书选择的是下载 PHP 的安装包（php-7.4.13-Win32-VC15-x64.zip）进行安装。从文件名可以看出，下载的 PHP 版本支持 Windows 32 位操作系统，在 VC15 下进行编译的 7.4.13 版本。

第 3 步：解压缩文件。将文件解压到预先指定的目录。

第 4 步：配置工作。根据需要，将 PHP 目录下的 php.ini-development 或者 php.ini-production 改名为 php.ini。其中，php.ini-development 是开发环境下常用的配置， php.ini-production 是生产环境下常用的配置。

3. MySQL 的安装

MySQL是开源数据库软件，支持社区版和付费版，其中社区版继承了传统版本的开源、免费的特点，但功能和性能优化方面没有付费版的好。如果准备构建数据库，应以数据吞吐量、扩展性以及执行效率等指标作为关键因素来判断选择何种 MySQL 数据库服务器。在浏览器搜索“MySQL Community Downloads”，打开下载页面，选择想要下载的软件版本，如图 5-5 所示。由于本书所需的数据库服务器对数据吞吐量等指标要求不高，因此选择开源、免费的社区版数据库。

本书所选择的开源、免费的社区版数据库是支持 Windows 32 位操作系统的 5.7.20 版本，文件名为 mysql-5.7.20-win32.zip。

MySQL 的安装过程：将 mysql-5.7.20-win32.zip 下载到本地，然后将其解压缩到本地预先指定的目录即可。

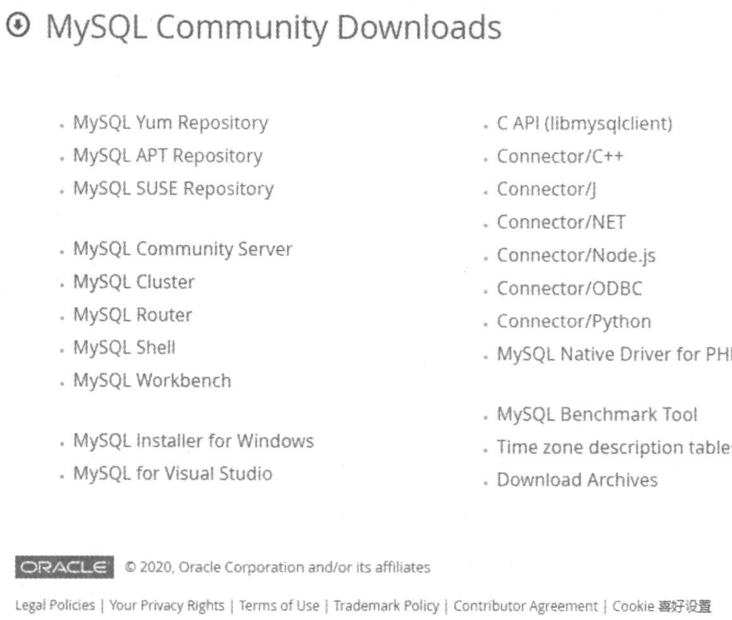

图 5-5　MySQL 的下载页面

5.1.2　WAMP 的服务配置

在 Apache、PHP、MySQL 全部安装到 Windows 7 操作系统之后，3 个软件均可单独运行，运行模式有服务模式和应用模式两种。

服务模式是将软件以服务模式执行，应用模式是指软件以普通的应用模式执行。两种模式的区别体现在服务模式是开机后软件能够直接运行，应用模式是通过用户人工操作运行软件。在生产环境下，建议采用“服务模式”。此处仅做教学示例，选用“应用模式”进行安装和配置。

通过测试发现，启用 Apache、PHP、MySQL 软件后 Apache 可以让用户对标准的 HTML 文件进行访问，但 PHP 文件还无法运行，PHP 还没有与 MySQL 连接。产生这种状况的原因是没有对 3 个软件进行配置，所以它们没有被连接起来。

1. Apache 和 PHP 的连接

Apache 本身是一个标准的 Web 服务器，如果需要 Apache 支持 PHP 就必须在 Apache 的配置文件中进行设置，让 Apache 知道如何去寻找 PHP，以使 Apache 支持 PHP。

Apache 的配置文件是 httpd.conf 文件，其位置在 Apache 目录下的 conf 目录中，这个文件内容很长，信息也很多，打开文件后需要在里面加入代码 5-1 的内容。

代码 5–1

```
1  #php-7.4.13-Win32-vc15-x64
2  LoadModule php7_module "C:\php-7.4.13-Win32-vc15-x64\php7apache2_4.dll"
3  PHPIniDir "C:\php-7.4.13-Win32-vc15-x64"
4  #php-5.5.27-Win32-VC11-x86
5  #LoadModule php5_module
6  "D:\Works\php-5.5.32-Win32-VC11-x86\php5apache2_4.dll"
7  #PHPIniDir "D:\Works\php-5.5.32-Win32-VC11-x86"
8
9  AddType application/x-httpd-php .php .html .htm
```

代码 5-1 中以“#”开始的语句是注释语句，告诉 Apache 可以忽略“#”后面的一行信息。注释的主要作用是在维护系统时能够快速读懂注释下方的配置，其中：

❶ LoadModule 是 Apache 加载模块的配置方法，`LoadModule php7_module "C:\php-7.4.13-Win32-vc15-x64\php7apache2_4.dll"` 的作用是为 Apache 加载位于 `C:\php-7.4.13-Win32-vc15-x64` 目录中的 php7 模块；

❷ `PHPIniDir "C:\php-7.4.13-Win32-vc15-x64"` 的作用是为 Apache 指明 PHP7 所在的安装目录，Apache 会自动从这个目录中读取 php.ini；

❸ AddType 的作用是为 Apache 增加文件类型，指明不同类型文件的扩展名。`AddType application/x-httpd-php .php .html .htm` 的作用是告诉 Apache 支持包含扩展名为 .php、.html、.htm 的文件。

作为配置文件，httpd.conf 还可以对其他功能进行特殊设置。如设置对外提供的服务端口是否支持虚拟主机等。下面列举几个与安全相关的 Apache 配置实例。

（1）隐藏 Apache 的版本信息

在访问 Web 服务器的时候，默认情况下，Apache 会通过 HTTP 的返回头把 Web 服务器的名称、版本等信息显示出来。别有用心者通过对照版本查找漏洞，很容易就能对 Web 服务器进行攻击，使应用受到安全威胁，为此需要将 Apache 的版本信息隐藏。隐藏 Apache 的版本信息的方法是修改配置文件 httpd.conf 中的相关配置值，即将 ServerSignature 的值修改为 Off，将 ServerTokens 的值修改为 Prod。将配置修改完成后重新启动 Apache 服务即可隐藏 Apache 的版本信息。

（2）关闭 TRACE 的方法

别有用心者可以利用 TRACE 返回的信息了解到前端网站的某些信息，如是否为缓存服务器等，这就为攻击应用提供了便利。此外，非法用户还可以利用 TRACE 对 XSS 进行攻击，即便网站启用了 HttpOnly 头标记和采取了禁止脚本读取 cookie 信息的措施，非法用户仍可以绕过这些限制，利用 TRACE 读取到 cookie 中的信息，因此建议关闭 TRACE。关闭 TRACE 的具体方法是在配置文件 httpd.conf 中增加 TraceEnable Off 的设置，然后重新启动 Apache 服务。

读者可以自行查阅 httpd.conf 文件的配置说明，尝试一下禁止目录遍历、日志开启等设置。

思考与提示

在进行服务器的服务配置之前应对配置文件进行备份，或者用 # 将配置文件中的变更语句转换为注释，用以标明原配置是什么，为什么变更配置等。

2. PHP 和 MySQL 数据库的连接

在 WAMP 中，Apache 以扩展方式引用 PHP 动态链接库，实现对 PHP 的支持。对 PHP 标准扩展模块之外功能的支持，PHP 也是以扩展方式实现的。PHP 扩展模块的位置默认在 PHP 目录下的 ext 子目录中，用户通过配置也可以将其设置到指定的目录中。

php.ini 是 PHP 的配置文件，在 php.ini 中，扩展模块是通过 extension 进行设置的，如图 5-6 所示。

```
; certificate. This value must be a correctly hashed certificate directory.
; Most users should not specify a value for this directive as PHP will
; attempt to use the OS-managed cert stores in its absence. If specified,
; this value may still be overridden on a per-stream basis via the "capath"
; SSL stream context option.
;openssl.capath=

[ffi]
; FFI API restriction. Possible values:
; "preload" - enabled in CLI scripts and preloaded files (default)
; "false"   - always disabled
; "true"    - always enabled
;ffi.enable=preload

; List of headers files to preload, wildcard patterns allowed.
;ffi.preload=

extension=C:\php-7.4.13-Win32-vc15-x64\ext\php_mbstring.dll
extension=C:\php-7.4.13-Win32-vc15-x64\ext\php_mysqli.dll
```

图 5-6　配置 php.ini

php.ini 配置文件中的注释以 “;” 作为标记。默认情况下，大部分扩展模块被注释后无法启动。启动模块的方式有两种：一种是将该模块所在行前面的 “;” 删除，另一种是新建一个完整的扩展模块，并将扩展模块的动态链接库文件名以明确的方式告知系统。本书示例中需要支持的主要模块如下。

```
extension=C:\php-7.4.13-Win32-vc15-x64\ext\php_mbstring.dll
extension=C:\php-7.4.13-Win32-vc15-x64\ext\php_mysqli.dll
```

思考与提示

在实际开发和生产环境中，建议只使用那些应用必须依赖的，且通过安全检测被允许使用的扩展模块。这样做的优点在于既可以最大限度地减少服务器的开销，又可以避免因无限制地使用扩展模块而带来安全风险。

3. MySQL 数据库和数据准备

出于安全的考虑，不建议 MySQL 数据库服务直接接受服务器之外的操作请求。MySQL 数据库服务操作主要有以下内容。

（1）启动 MySQL 数据库服务

MySQL 数据库服务通过 PowerShell 执行 net start mysql 进行启动，当系统显示“MySQL 服务已经启动成功。”后可对 MySQL 进行操作。

扩展阅读

第一次启动 MySQL 时，需要进行如下操作。

❶ 打开 Windows 操作系统的“环境变量”对话框，在“系统变量”的 path 中添加 MySQL 目录下的 bin 子目录路径，如图 5-7 所示。

❷ 在 MySQL 目录下创建 data 子目录。

❸ 在 MySQL 目录下创建 my.ini 文件，文件内容如代码 5-2 所示。

代码 5-2

```
1  [mysql]
2  default-character-set=utf8
3  [mysqld]
4  port=3306
```

```
5  basedir=C:\mysql-8.0.22-winx64
6  datadir=C:\mysql-8.0.22-winx64\data
7  max_connections=200
8  character-set-server=utf8
9  default-storage-engine=INNODB
```

图 5-7　添加 MySQL 目录下的 bin 子目录路径

❹ 在 PowerShell 管理员模式下运行 `mysqld --install` 对 MySQL 进行服务安装。

❺ 在 PowerShell 管理员模式下运行 `mysqld --initialize --user=mysql -console` 对 MySQL 进行初始化。

特别提示，操作时一定要认真查看 MySQL 初始化过程中显示的每一个信息，特别是 password 的内容。

（2）MySQL 数据库服务器的登录操作

执行命令`Mysql.exe -uroot -p`，完成MySQL数据库服务器的登录，如图5-8所示。

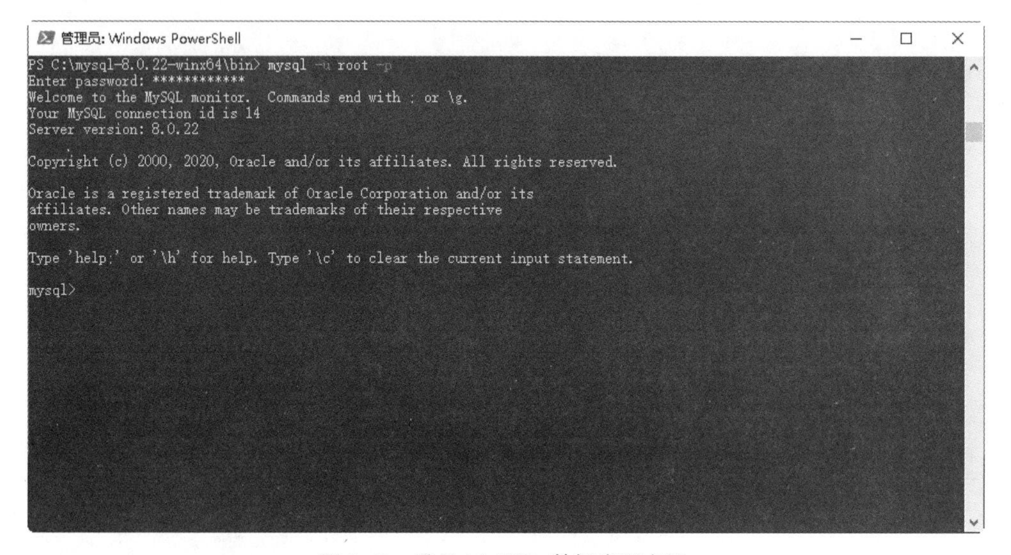

图 5-8　登录 MySQL 数据库服务器

对数据库操作有两点需要特别说明。

❶ 将口令放在“-p”的后面时，输入口令将会导致数据库口令被泄露，从而产生安全问题。在软件开发过程中使用这种方式输入口令是可以的，但在生产环境中却是不可以的。

❷ MySQL 中语句的分割符号是“;”，当遇到“;”时才执行此行命令，否则命令不会被执行。

（3）MySQL 数据库的常用操作

MySQL 数据库的操作主要包括连接（断开）数据库、创建（删除）数据库、创建（删除）表，对表内数据进行增、删、改、查等。数据库中常用的操作命令如表 5-1 所示。

表 5-1　数据库中常用的操作命令

针对数据库的操作	操作命令
显示所有的数据库	show databases;
创建数据库	create database < 库名 >;
连接数据库	use < 库名 >;
查看当前使用的数据库	select database();
显示当前数据库中所有表	show tables;
删除数据库	drop database < 库名 >;
针对表的操作	**操作命令**
创建表	create table < 表名 > (< 字段名 1> < 类型 1> [,..< 字段名 *n*> < 类型 *n*>]);
获取表结构	show columns from < 表名 >;
删除表	drop table < 表名 >;
插入数据	insert into < 表名 > [(< 字段名 1>[,..< 字段名 *n*>])] values (值 1) [, (值 *n*)];
删除表中的数据	delete from < 表名 > where < 表达式 >;
修改表中的数据	update < 表名 > set < 字段 >=< 新值 > where < 条件 >;

下面通过一个操作示例对数据库的操作进行具体的讲解。

❶ 登录数据库，查看数据库信息 “mysql –u root –p”。

❷ 查看当前所有的数据库 “show databases”。

❸ 创建名为 my_db 的数据库 “create database my_db”。

❹ 选择 my_db 数据库 “use my_db”。

❺ 显示当前数据库中所有表 “show tables”。

❻ 建立一个用户信息表 user_tbl，保存用户的 ID（唯一、递增）、登录名及口令，如代码 5-3 所示。

代码 5–3

```
1 create table if not exists user_tbl(
2  user_id INT UNSIGNED NOT NULL AUTO_INCREMENT,
```

```
3  user_name VARCHAR(100) NOT NULL,
4  user_password VARCHAR(40) NOT NULL,
5  PRIMARY KEY ( user_id ))ENGINE=InnoDB DEFAULT CHARSET=utf8;
```

❼ 新增两个用户的操作如代码 5-4 所示，用户的相关信息如表 5-2 所示。

代码 5-4

```
1 insert into user_tbl (user_id,user_name,user_password)
2 values(1,"test1","pass1");
3 insert into user_tbl (user_id,user_name,user_password)
4 values(2,"test2","pass2");
```

表 5-2 数据库新增用户的相关信息

ID	用户名	口令
1	test1	pass1
2	test2	pass2

❽ 验证符合用户名为 test1，口令为 pass1 的用户是否存在：`select count(*) from user_tbl where (user_name="test1" and user_password="pass1");`。

思考与提示

运行代码 5-4，数据库中的用户口令是以明文方式存储的，这在生产环境中是绝对不能出现的。在生产环境中，数据库用户口令一定要进行安全处理，如采用加密、混淆等多种方式存储用户口令。

4. 检查运行状态

WAMP 构架配置完毕后，可以通过如下步骤对 WAMP 的运行状态进行测试。

第 1 步：建立名为 phpinfo.php（见代码 5-5）的代码文件。

代码 5-5

```
1 <?php
2 phpinfo();
3 ?>
```

将代码 5-5 保存在 Apache 服务器配置文件 httpd.conf 中的 DocumentRoot 所指定的目录下。运行代码 5-5 中的语句 phpinfo(); 后会显示出 PHP 的各种配置信息。该代码的作用在于测试 PHP 脚本是否被 Apache 正常调用。

第 2 步：通过浏览器访问 Web 服务器上的 phpinfo.php 文件。如果通过浏览器对 Web 服务器上的该文件进行访问后出现图 5-9 所示的信息，可以初步判断 Apache 与 PHP 已经成功；如果出现代码 5-5 中的源代码或提示下载文件的情况，则证明 Apache 未与 PHP 成功连接，需要重新对系统进行配置；如果出现无法访问网页的情况，则证明 Apache 服务器配置出现问题，或者 Apache 服务未启动，需要进一步查明原因。

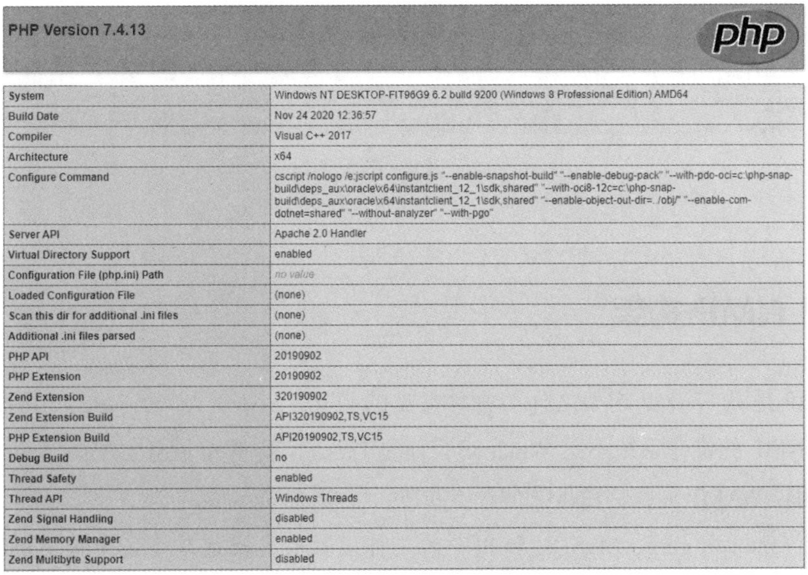

PHP Version 7.4.13　php

System	Windows NT DESKTOP-FIT96G9 6.2 build 9200 (Windows 8 Professional Edition) AMD64
Build Date	Nov 24 2020 12:36:57
Compiler	Visual C++ 2017
Architecture	x64
Configure Command	cscript /nologo /e:jscript configure.js "--enable-snapshot-build" "--enable-debug-pack" "--with-pdo-oci=c:\php-snap-build\deps_aux\oracle\x64\instantclient_12_1\sdk,shared" "--with-oci8-12c=c:\php-snap-build\deps_aux\oracle\x64\instantclient_12_1\sdk,shared" "--enable-object-out-dir=../obj/" "--enable-com-dotnet=shared" "--without-analyzer" "--with-pgo"
Server API	Apache 2.0 Handler
Virtual Directory Support	enabled
Configuration File (php.ini) Path	no value
Loaded Configuration File	(none)
Scan this dir for additional .ini files	(none)
Additional .ini files parsed	(none)
PHP API	20190902
PHP Extension	20190902
Zend Extension	320190902
Zend Extension Build	API320190902,TS,VC15
PHP Extension Build	API20190902,TS,VC15
Debug Build	no
Thread Safety	enabled
Thread API	Windows Threads
Zend Signal Handling	disabled
Zend Memory Manager	enabled
Zend Multibyte Support	disabled

图 5-9　PHP 的配置信息

第 3 步：查看 phpinfo.php 文件生成的信息。通过仔细查看图 5-9 所示的信息，可以迅速了解 PHP 的配置信息，从而快速有效地对 PHP 的扩展进行增 / 减操作。如果信息中出现了图 5-10 所示的信息，则说明 PHP 已经支持 MySQL 数据库了；反之，则需要对 PHP 和 MySQL 数据库的连接中的相关配置进行核查。

mysqlnd

mysqlnd	enabled
Version	mysqlnd 7.4.13
Compression	supported
core SSL	supported
extended SSL	supported
Command buffer size	4096
Read buffer size	32768
Read timeout	86400
Collecting statistics	Yes
Collecting memory statistics	No
Tracing	n/a
Loaded plugins	mysqlnd,debug_trace,auth_plugin_mysql_native_password,auth_plugin_mysql_clear_password,auth_plugin_caching_sha2_password,auth_plugin_sha256_password
API Extensions	no value

pcre

PCRE (Perl Compatible Regular Expressions) Support	enabled
PCRE Library Version	10.35 2020-05-09
PCRE Unicode Version	13.0.0
PCRE JIT Support	enabled
PCRE JIT Target	x86 64bit (little endian + unaligned)

Directive	Local Value	Master Value
pcre.backtrack_limit	1000000	1000000
pcre.jit	1	1
pcre.recursion_limit	100000	100000

图 5-10　PHP 的配置信息

5.2　LNMP 构架

LNMP 是除 WAMP 构架之外的一种常见的构架。LNMP 与 WAMP 很相似，不同之处在于 LNMP 的操作系统不是 Windows，而是 Linux，其 Web 服务器不是 Apache，而是 nginx。相较 WAMP 而言，LNMP 的优点在于：

❶ 由于 Linux、nginx、MySQL 和 PHP 都是开源软件，因此节省了使用 Windows 操作系统的成本；

❷ LNMP 对服务器的硬件要求比 WAMP 的低。

5.2.1　Linux 操作系统的安装

Linux 操作系统使用免费，传播自由，支持 32 位和 64 位的计算机。Linux 操作系统继承了 UNIX 以网络为核心的设计思想，是一个性能稳定的多用户操作系统。Linux 有非常多的版本，大体上可分为由商业公司维护的商业版本与由开源社区维护的免费版本两大类。其中，商业版本以RHEL为代表，免费版本则以Debian为代表。本书则选用与Red Hat同出一门（使用RHEL源代码编译）的社区企业操作系统CentOS（受限商用）进行虚拟主机的安装。要安装CentOS，首先需要登录CentOS官网，如图5-11所示，然后下载安装文件。

图5-11 CentOS官网页面

由于本书示例中采用的服务器是利用VMware Workstation Player（VMware公司推出的个人免费版虚拟机软件）搭建的，因此不用考虑CentOS对硬件的要求。本书选用的是CentOS Linux版本。如果在物理服务器上进行部署，则需要下载包含各种驱动的完整版本进行安装。安装过程中有如下问题需要考虑。

1. 最小化安装

服务器的操作系统是所有服务运行的平台。在安装服务器操作系统时，建议用户只安装系统运行必需的功能和系统服务必需的功能，甚至建议不安装图形用户界面（Graphical User Interface，GUI）。这样能有效减少操作系统所占用的服务器物理资源开销，提高操作系统的运行效率，有效避免安装不必要的模块后给服务器带来潜在的安全隐患。

2. 时间设置

系统时间与标准时间如果出现误差在系统运维中会产生安全问题，如运维中的日志分析的时间定位不准确。在系统安装过程中，需要对时区、时间服务器进行时间设置，这样在后续的运维中系统时间才能与标准时间保持一致，如图 5-12 所示。

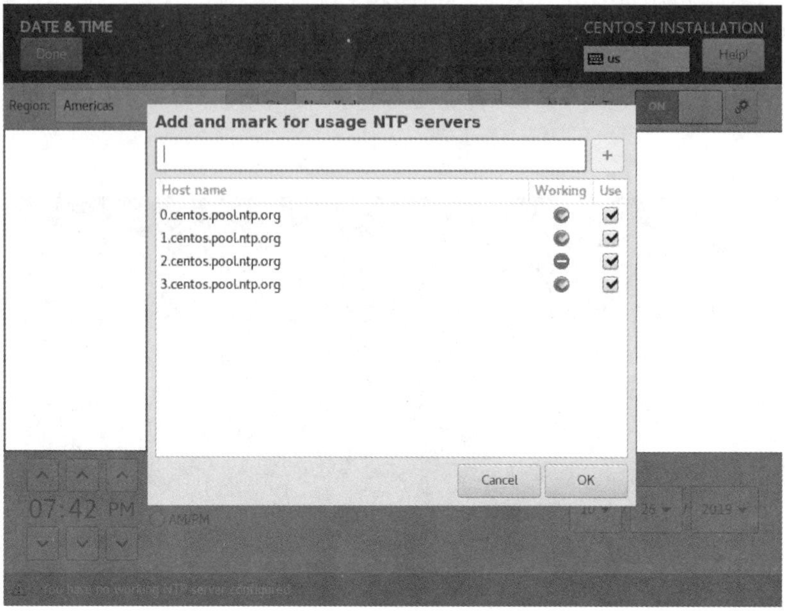

图 5-12 时间设置

3. Root 用户的口令的强度

安装过程中系统会让安装者输入 Root 用户的口令，而且有口令强度提示，如图 5-13 所示。

在自用测试环境中，用户口令可以设置得简单一些，但在生产环境中必须保证所设计的口令有一定的强度，使输入的口令至少要使图 5-13 所示的 Root Password 下面的口令强度提示从“Empty”变成“Strong”。

一个强度高的口令应当尽量满足以下几点。

❶ 不使用本人或亲人的生日日期、电话号码、QQ 号等容易被人获知的数字作为口令，也尽量不使用单词作为口令。

❷ 应当设置不低于 8 位的口令，其中应当包含数字、字母（大小写都要有）、特殊字符等，对于某些不支持特殊字符的系统可以考虑采用更复杂的排列组合方式设计口令。

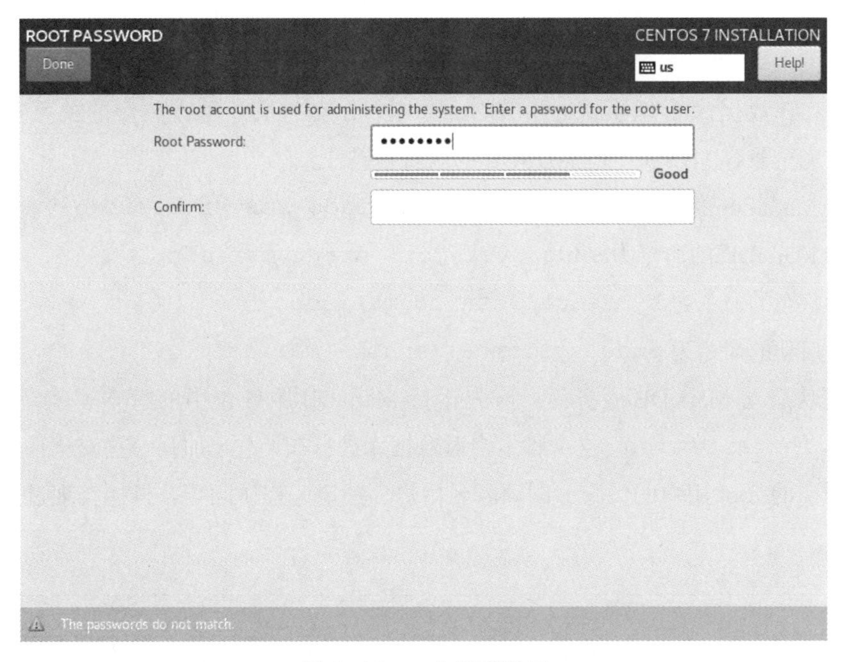

图 5-13 口令强度提示

❸ 由于无规律的数字、字符、符号组合不易记忆，因此可以采用某一句名言的缩写（分大小写、中英文）来进行设置。

❹ 出于安全考虑，建议用户不直接使用 root 账户进行操作，建议在系统操作时采用 Linux 系统管理指令（Switch User Do，SUDO）。

思考与提示

经常有人会问，旧版本的操作系统运行稳定，对硬件要求低，为什么还要升级到最新的版本呢？这是因为从硬件的角度来看，旧版本操作系统支持的硬件驱动相对陈旧，对新的硬件驱动支持少，会导致用户在安装过程中需要手动安装更多的驱动，不利于系统运维；从技术的角度看，更多的是新技术的运用、性能的优化提升，以及对安全漏洞或 bug 修复的支持等。后文介绍的 OpenSSL、OpenSSH、MariaDB、PHP 及 nginx 的安装或升级主要是从安全的角度出发。

5.2.2 MariaDB 的安装

MariaDB 数据库管理系统是 MySQL 的一个分支，是开源、免费的关系数据库。MariaDB 完全兼容 MySQL，是 MySQL 的创新和提升。

安装 MariaDB 的命令为 `yum install mariadb-server mariadb-y`。

启动 MariaDB 的命令为 `sudo systemctl start mariadb`。

查看状态的命令为 `systemctl status mariadb`。

设置启动的命令为 `sudo systemctl enable mariadb`。

在成功启动 MariaDB 服务后，应先运行 MariaDB 服务包中的脚本 `sudo mysql_secure_installation`。这个脚本会对数据库进行初始化、加强一些安全强化措施，如设置非空的 root 用户的口令、删除匿名用户、锁定远程访问等，具体实现过程如代码 5-6 所示。

代码 5-6

```
1  NOTE: RUNNING ALL PARTS OF THIS SCRIPT IS RECOMMENDED FOR ALL MariaDB
2        SERVERS IN PRODUCTION USE!  PLEASE READ EACH STEP CAREFULLY!
3
4  In order to log into MariaDB to secure it, we'll need the current
5  password for the root user.  If you've just installed MariaDB, and
6  you haven't set the root password yet, the password will be blank,
7  so you should just press enter here.
8
9  Enter current password for root (enter for none): -- 首次运行时直接按 Enter 键
10 OK, successfully used password, moving on...
11
12 Setting the root password ensures that nobody can log into the MariaDB
13 root user without the proper authorisation.
14
15 Set root password? [Y/n] -- 设置 root 用户的口令，输入 y，再按 Enter 键
16 New password: -- 设置 root 用户的口令
17 Re-enter new password: -- 再输入一次口令
18 Password updated successfully!
19 Reloading privilege tables..
20  ... Success!
21
22
```

```
23 By default, a MariaDB installation has an anonymous user, allowing anyone
24 to log into MariaDB without having to have a user account created for
25 them.  This is intended only for testing, and to make the installation
26 go a bit smoother.  You should remove them before moving into a
27 production environment.
28
29 Remove anonymous users? [Y/n] -- 是否删除匿名用户，生产环境建议删除
30  ... Success!
31
32 Normally, root should only be allowed to connect from  'localhost' .
33 This ensures that someone cannot guess at the root password from the
34 network.
35 Disallow root login remotely? [Y/n] -- 是否禁止root用户远程登录，建议禁止
36  ... Success!
37
38 By default, MariaDB comes with a database named 'test' that anyone
39 can access.  This is also intended only for testing, and should be
40 removed before moving into a production environment.
41
42 Remove test database and access to it? [Y/n] -- 是否删除test数据库，建
43 议删除
44  - Dropping test database...
45  ... Success!
46  - Removing privileges on test database...
47  ... Success!
48
49 Reloading the privilege tables will ensure that all changes made so
50 far will take effect immediately.
51
52 Reload privilege tables now? [Y/n] y -- 是否重新加载权限表，建议重新加载
53  ... Success!
54
55 Cleaning up...
56
57 All done!  If you've completed all of the above steps, your MariaDB
58 installation should now be secure.
59
60 Thanks for using MariaDB!
```

思考与提示

代码 5-6 是执行数据库初始化命令 sudo mysql_secure_installation 的记录。代码 5-6（如第 9 行）中的“--”及后面的内容是对该行命令的注释和操作说明，并不是应当输入的内容。

5.2.3 PHP 的安装

通过 PHP 官网下载的源代码可以对 PHP 代码进行编译和安装，但采用这种方式所用时间会很长，在安装过程中还会出现很多与系统匹配相关的问题，建议尽量选择 PHP 7.4 以上的版本。PHP 7.2 以下的版本，如 PHP 5.x，从 2016 年开始就已经不再更新（如图 5-14 所示）。如果选择 PHP 5.x 进行安装，会面临没有厂商提供技术（含安全方面）支持的局面。当遇到用户安装的 PHP 版本是 7.x，而用户应用开发所使用的代码却是基于 PHP 5.x 的情况时，应考虑代码的兼容问题。

1. 选择使用 YUM 源进行 PHP 安装

本书没有采用下载源代码进行编译的方式进行安装，而是采用 YUM 源的方式进行安装，选择这种安装方式来安装 PHP 对安全要求不是很高的系统来说比较适宜。

通过 YUM 查询后发现，YUM 源中当前的 PHP 版本均为 5.4.16-45.el7。因此，需要找到一个包含 PHP 新版本的 YUM 源来进行更新，具体操作如下。

第 1 步：更新 YUM 源，执行下面的命令。

```
yum install epel-release -y
yum install http://rpms.remirepo.net/enterprise/remi-release-7.rpm -y
```

第 2 步：使用 YUM 源安装 php7.4，执行下面的命令。

```
yum install yum-utils -y
yum install -y php74-php-fpm php74-php-common php74-php-gd php74-php-mysql php74-php-mysqlnd php74-php-devel php74-php-mbstring php74-php-pear php74-php-cli php74-php-imap php74-php-ldap php74-php-odbc php74-php-pear php74-php-xml php74-php-xmlrpc php74-php-snmp php74-php-soap php74-php-tidy php74-php-pecl-redis php74-php-pecl-xdebug php74-php-process
```

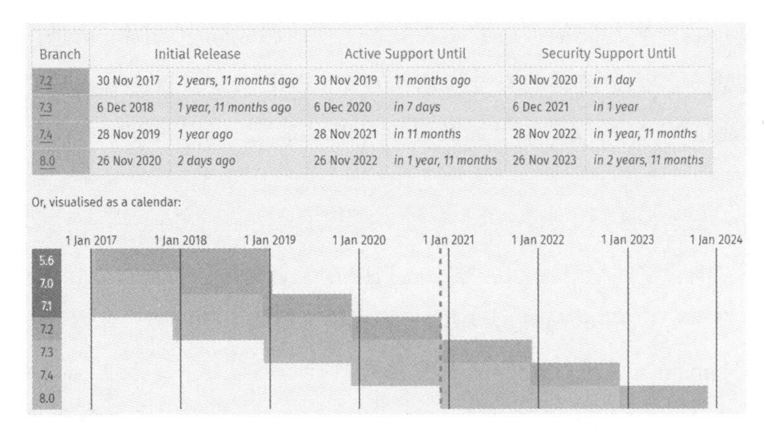

Branch	Initial Release		Active Support Until		Security Support Until	
7.2	30 Nov 2017	2 years, 11 months ago	30 Nov 2019	11 months ago	30 Nov 2020	in 1 day
7.3	6 Dec 2018	1 year, 11 months ago	6 Dec 2020	in 7 days	6 Dec 2021	in 1 year
7.4	28 Nov 2019	1 year ago	28 Nov 2021	in 11 months	28 Nov 2022	in 1 year, 11 months
8.0	26 Nov 2020	2 days ago	26 Nov 2022	in 1 year, 11 months	26 Nov 2023	in 2 years, 11 months

Or, visualised as a calendar:

图 5-14　PHP 官方技术支持时间表

第 3 步：验证。安装后执行 php –v 命令对 PHP 的安装进行验证，如出现图 5-15 所示的内容，则证明 PHP 已安装成功。

PHP 安装完毕后需要对服务进行配置：

❶ 开启 PHP 服务：`sudo systemctl start php74-php-fpm`；

❷ 设置 PHP 服务自启动：`sudo systemctl enable php74-php-fpm`。

```
命令提示符
2020/11/24  13:46           682,496 libssl-1_1-x64.dll
2020/11/24  13:46             3,272 license.txt
2020/11/24  13:46            87,598 news.txt
2020/11/24  13:46           206,336 nghttp2.dll
2020/11/24  13:53                43 phar.phar.bat
2020/11/24  13:53            53,309 pharcommand.phar
2020/11/24  13:46            72,704 php-cgi.exe
2020/11/24  13:46            37,376 php-win.exe
2020/11/24  13:46           129,024 php.exe
2020/11/29  08:30            74,622 php.ini
2020/11/24  13:46            74,500 php.ini-development
2020/11/24  13:46            74,530 php.ini-production
2020/11/24  13:46            35,840 php7apache2_4.dll
2020/11/24  13:46           893,346 php7embed.lib
2020/11/24  13:46           344,576 php7phpdbg.dll
2020/11/24  13:45         9,516,544 php7ts.dll
2020/11/24  13:46           347,136 phpdbg.exe
2020/11/24  13:46            20,257 readme-redist-bins.txt
2020/11/24  13:46             4,846 README.md
2020/11/29  08:10    <DIR>          sasl2
2020/11/24  13:46             2,225 snapshot.txt
              34 个文件     52,613,236 字节
               7 个目录 34,487,427,072 可用字节

C:\php-7.4.13-Win32-vc15-x64>php -v
PHP 7.4.13 (cli) (built: Nov 24 2020 12:43:32) ( ZTS Visual C++ 2017 x64 )
Copyright (c) The PHP Group
Zend Engine v3.4.0, Copyright (c) Zend Technologies

C:\php-7.4.13-Win32-vc15-x64>
```

图 5-15　PHP 的版本显示

2. PHP 的安全设置

PHP 安全设置的方法有多种，安全设置最早可以从对 PHP 文件的编译和安装开始，

比如防止版本信息泄露的防护，在编译之前手工修改源代码中的版本信息，使 PHP 在安装之后不会出现版本信息泄露的安全问题。另外，PHP 安全设置也可以在 PHP 安装完成后进行。如对通过 YUM 源安装和已经安装好的 PHP 系统，可以通过以下几个方面的设置，来进行安全防护。

（1）PHP 时区设置

与安装系统时设置时区和时间一样，在 PHP 中设置时区一方面可以保证在程序中能够使时间得到正确显示，另一方面也为 PHP 日志提供了时间上的保障。具体做法有如下两种。

❶ 通过修改 php.ini 文件进行设置。具体做法是执行 `sed -i -e 's#;date.timezone =#date.timezone = PRC#g'  /etc/php.ini` 完成 PHP 时区设置。

❷ 在 PHP 5 以上版本的程序中使用函数 `ini_set('date.timezone','Asia/Shanghai');` 或者 `date_default_timezone_set('Asia/Shanghai');` 进行 PHP 时区设置。

（2）PHP 版本号隐藏

在默认情况下，Web 服务器上的 PHP 版本号是可以通过通信获取的。通过版本号，别有用心者可以找到该版本的漏洞，为此需通过修改 php.ini 文件来对版本号进行隐藏。修改 php.ini 文件配置完成 PHP 版本号隐藏的代码如下所示。

```
sed -i -e 's#expose_php = On#expose_php = Off#g' /etc/php.ini
```

（3）PHP 报错信息屏蔽

当 PHP 运行出现错误后，默认情况下会在页面上将错误信息显示出来，将 PHP 的信息公之于众，别有用心者可以通过此信息发现 PHP 的漏洞，为此需要通过修改 php.ini 文件进行屏蔽。修改 php.ini 文件配置实现对提示信息屏蔽的代码如下所示。

```
sed -i -e 's# display_errors = On# display_errors = Off#g' /etc/php.ini
```

（4）HttpOnly 设置

HttpOnly 可以提升对 XSS 攻击的防护能力。不仅要在代码中对 HttpOnly 进行设置，还需在服务器上修改 php.ini 文件中的相关设置，起到“双保险”的作用。在服务器上修改 php.ini 文件中相关设置的代码如下。

```
sed -i -e 's# session.cookie_httponly = # session.cookie_httponly=1#g' /
etc/php.ini
```

（5）PHP 禁用函数

打开 php.ini，查找 disable_functions, 按如下设置可禁用一些函数。disable_functions= phpinfo,exec,passthru,shell_exec,system,proc_open,popen,curl_exec,curl_multi_exec,parse_ini_file,show_source

（6）日志功能开启（本地）

通过配置 php.ini 中的 Log_errors、syslog 等参数，可以开启 PHP 系统日志。

思考与提示

在修改完上述设置后，需要将 PHP 的新设置应用到 PHP 服务中，具体做法是执行命令 `sudo systemctl reload php74-php-fpm` 使 PHP 的新设置生效。

5.2.4　nginx 的安装

nginx 是一款开源的高性能服务器，能够提供 HTTP 和反向代理服务，还能够提供 IMAP/POP3/SMTP 服务。

nginx 可以采用两种方式进行安装，即通过 YUM 源安装和对源代码进行编译安装。本书采用对源代码进行编译的方式安装。对源代码进行编译和安装的优点：一是可以选用最新的 nginx 稳定版进行安装，二是可以在编译之前对源代码进行必要的处理，以达到安全防护的目的。nginx 的具体安装步骤如下。

1. 下载 nginx 源代码

打开 nginx 官网，下载相应的安装包，如图 5-16 所示。然后将 nginx-1.19.5.tar.gz 上传到服务器中。

思考与提示

很多软件都有稳定版、主线版等多种版本供用户选择。规划系统和安装软件时要特别注意版本选择的问题。

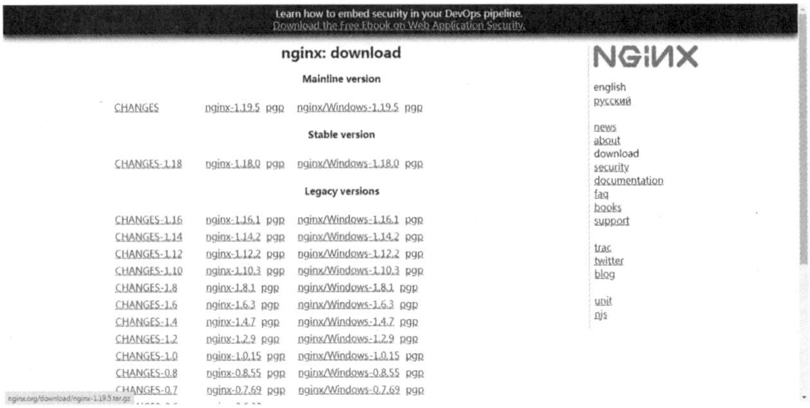

图 5-16 nginx 的安装包下载页面

2. 解压、修改、编译及安装

下载 nginx 源代码后，用户需要对 nginx 源代码进行解压、修改、编译和安装等操作。操作过程中需要执行很多命令，本书将其进行汇总，如代码 5-7 所示（符号“--”及其后面的中文均为注释，不用输入）。运行代码 5-7 即可对 nginx 源代码进行解压、修改、编译及安装。

代码 5-7

```
1  tar zxvf nginx-1.19.5.tar.gz  --解压缩包
2  cd nginx-1.19.5  --进入目录
3  sed -i -e 's#"1.19.5"#"0.6.04"#g' src/core/nginx.h  --修改服务器信息
4  sed -i -e 's#nginx/#WS/#g' src/core/nginx.h  --修改服务器信息
5  sed -i -e 's#Server: nginx#Server: WS#g' src/http/ngx_http_header_
6  filter_module.c --修改服务器信息
7  sed -i -e 's#"<hr /><center>nginx</center>"#"<hr /><center>ws</
8  center>"#g' src/http/ngx_http_special_response.c --修改服务器信息
9  ./configure --prefix=/usr/local/nginx \  --编译
10 --sbin-path=/usr/sbin/nginx \
11 --conf-path=/etc/nginx/nginx.conf \
12 --error-log-path=/var/log/nginx/error.log \
13 --http-log-path=/var/log/nginx/access.log \
14 --pid-path=/var/run/nginx.pid \
15 --lock-path=/var/run/nginx.lock \
```

```
16 --http-client-body-temp-path=/var/cache/nginx/client_temp \
17 --http-proxy-temp-path=/var/cache/nginx/proxy_temp \
18 --http-fastcgi-temp-path=/var/cache/nginx/fastcgi_temp \
19 --http-uwsgi-temp-path=/var/cache/nginx/uwsgi_temp \
20 --http-scgi-temp-path=/var/cache/nginx/scgi_temp \
21 --user=root \
22 --group=root \
23 --with-openssl=../openssl-1.1.1h \
24 --with-pcre \
25 --with-http_v2_module \
26 --with-http_ssl_module \
27 --with-http_realip_module \
28 --with-http_addition_module \
29 --with-http_sub_module \
30 --with-http_dav_module \
31 --with-http_flv_module \
32 --with-http_mp4_module \
33 --with-http_gunzip_module \
34 --with-http_gzip_static_module \
35 --with-http_random_index_module \
36 --with-http_secure_link_module \
37 --with-http_stub_status_module \
38 --with-http_auth_request_module \
39 --with-mail \
40 --with-mail_ssl_module \
41 --with-file-aio \
42 --with-http_v2_module \
43 --with-threads \
44 --with-stream \
45 --with-stream_ssl_module
46 make && make install
47 make clean  --一个好习惯
48 cd ..
49 mkdir /var/cache/nginx  --创建目录
50 mkdir /usr/local/nginx/logs
51 echo -e [Unit]  > /usr/lib/systemd/system/nginx.service
52 echo -e Description=nginx - high performance web server   >> /usr/
53 lib/systemd/system/nginx.service
54 echo -e Documentation=http://nginx.org/en/docs/  >> /usr/lib/
55 systemd/system/nginx.service
```

```
56 echo -e After=network.target remote-fs.target nss-lookup.target  >>
57 /usr/lib/systemd/system/nginx.service
58 echo -e   >> /usr/lib/systemd/system/nginx.service
59 echo -e [Service]  >> /usr/lib/systemd/system/nginx.service
60 echo -e Type=forking  >> /usr/lib/systemd/system/nginx.service
61 echo -e PIDFile=/var/run/nginx.pid  >> /usr/lib/systemd/system/
62 nginx.service
63 echo -e ExecStartPre=/usr/sbin/nginx -t -c /etc/nginx/nginx.conf  >>
64 /usr/lib/systemd/system/nginx.service
65 echo -e ExecStart=/usr/sbin/nginx -c /etc/nginx/nginx.conf  >> /usr/
66 lib/systemd/system/nginx.service
67 echo -e ExecReload=/bin/kill -s HUP $MAINPID  >> /usr/lib/systemd/
68 system/nginx.service
69 echo -e ExecStop=/bin/kill -s QUIT $MAINPID  >> /usr/lib/systemd/
70 system/nginx.service
71 echo -e PrivateTmp=true  >> /usr/lib/systemd/system/nginx.service
72 echo -e   >> /usr/lib/systemd/system/nginx.service
73 echo -e [Install]  >> /usr/lib/systemd/system/nginx.service
74 echo -e WantedBy=multi-user.target  >> /usr/lib/systemd/system/
75 nginx.service
```

思考与提示

在代码 5-7 的命令中，第 3~5 行和第 7 行的作用是对 nginx 中的信息进行修改，使在 HTTP 的返回头中只包含版本号为 0.6.04，类型为 WebSocket 的 Web 服务器信息，隐藏了 nginx 和 1.15.7 等重要信息。

有安装者通过代码 5-7 将 Web 服务器伪装成 IIS 服务器。从技术的角度看，这种伪装在进一步的试探中就会被识别出来，其原因在于：IIS 服务不会安装在 Linux 服务器上。

3. 对配置文件进行性能和安全方面的优化

安装 nginx 之后，需要根据需求对其配置文件进行优化，使 nginx 的性能得到充分发挥。下面是进行过初步优化的 nginx 配置文件（/etc/nginx/nginx.conf），如代码 5-8 所示。

代码 5-8

```
1  #user  nobody;
2  worker_processes  auto; #-- 设置 processes 的数量，提高服务性能。通常不推荐
3  使用默认值
4
5  error_log  logs/error.log; #-- 开启各种日志，设置存放位置，为了安全必须设置
6  error_log  logs/error.log  notice;
7  error_log  logs/error.log  info;
8
9  #pid        logs/nginx.pid;
10
11
12 events {
13     accept_mutex on;
14     accept_mutex_delay 500ms;
15     multi_accept on;
16     use epoll;
17     worker_connections 512;
18 }
19
20
21 http {
22     include       mime.types;
23     default_type  application/octet-stream;
24
25     server_tokens off; #-- 隐藏 nginx 的版本号，是一种安全保障
26
27     log_format  main  '$remote_addr - $remote_user [$time_local]
28 "$request" '
29                       '$status $body_bytes_sent "$http_referer" '#-
30 -HTTP Referer①
31                       '"$http_user_agent" "$http_x_forwarded_for"';
32
```

① HTTP Referer：HTTP 请求中 header 的一部分，当浏览器向 Web 服务器发送请求时，一般会带上 Referer，这样服务器可获得一些信息用于处理。其中 Referer 是 Referrer 的拼写错误，但由于已被广泛使用，就流传了下来。

```
33      access_log  syslog:server= IP,facility=local7, tag=nginx,
34  severity=info; #-- 发送到 syslog 服务器上，是一种安全保障
35
36      sendfile        on;
37      tcp_nopush      on; #default disable
38
39      server_names_hash_bucket_size 128;
40      client_header_buffer_size 32k;
41      large_client_header_buffers 8 128k;
42      open_file_cache max=65535 inactive=60s;
43      open_file_cache_valid 60s;
44      open_file_cache_min_uses 1;
45      open_file_cache_errors on;
46      client_max_body_size 300m;
47
48      keepalive_timeout  120;
49
50      tcp_nodelay on;
51      client_body_buffer_size 512k;
52
53      gzip on;
54      gzip_min_length 1k;
55      gzip_buffers 4 16k;
56      gzip_http_version 1.0;
57      gzip_comp_level 2;
58      gzip_types text/plain application/x-javascript text/css
59  application/xml;
60      gzip_vary on;
61
62      #HTTPS server
63
64      server {
65          listen 443 ssl;
66          server_name  your host;  #-- 绑定域名，很重要，your host=xxx.
67  xxx.xxx，下同
68
69          if ($host != 'your host'){    #-- 非法域名访问重定向告警
70              rewrite ^/(.*) https://your host/403.html permanent;
71          }
72          allow ip;  #-- 允许访问服务器的 IP 地址或地址段
73          deny all;  #-- 禁止访问服务器的 IP 地址或地址段
```

```
74
75          ssl_certificate      /etc/ssl/crt/server.cer;  #--证书
76          ssl_certificate_key  /etc/ssl/crt/server.key;
77
78          ssl_session_cache    shared:SSL:10m;
79          ssl_session_timeout  10m;
80
81          ssl_ciphers AES128+EECDH:AES128+EDH;
82          ssl_prefer_server_ciphers  on;
83          ssl_protocols TLSv1 TLSv1.1 TLSv1.2;
84
85          location / {
86              root   html;  #--Web 页面的存放位置
87              index  index.php index.html index.htm;  #--默认主页名称
88          }
89
90          error_page   403  /403.html;  #--403 错误页面的位置
91              location = /403.html {
92              root   html;
93              allow all;  #--一定要允许，否则不能重定向
94          }
95
96          error_page   404 500 502 503 504  /error.html; #错误页面的位置
97          location = /error.html {
98              root   html;
99          }
100         # pass the PHP scripts to FastCGI server listening on 127.0.0.1:9000
101         #
102         location ~ \.php$ {   #--PHP 配置
103             root           html;
104             fastcgi_pass   127.0.0.1:9000;
105             fastcgi_index  index.php;
106             fastcgi_param  SCRIPT_FILENAME  $document_root$fastcgi_
107 script_name;
108             include        fastcgi_params;
109         }
110     }
111
112 }
113
```

除默认 nginx 已经配置的安全防护之外（如禁止目录遍历），代码 5-8 中还含有以下几种安全防护配置。

（1）nginx 的版本信息防护

nginx 的版本信息防护可以通过修改源代码实现，也可通过代码 5-8 第 25 行的配置实现。此外，虽然利用编写代码或修改源代码的方法对 nginx 版本信息进行了防护，但是通过默认的 403、404、50× 页面（见代码 5-8 第 90 和第 96 行）的显示格式也会泄露 nginx 的版本信息，因此需要对这些页面进行重构，具体配置如代码 5-8 第 90~99 行代码所示。

（2）nginx 的访问安全防护

nginx 服务器的访问安全也是一个重点。

可以通过 IP 地址或域名访问 Web 服务器。由于 nginx 服务器支持虚拟主机（虚拟主机支持 IP 地址对服务器的访问），因此通过 IP 地址访问服务器会获得更多的服务器信息，所以一般推荐只允许用户通过匹配域名的方式访问服务器。

对于那些只是为访问特定范围网页而建设的网站，如校园网内的网站，就需要对虚拟主机进行基于 IP 地址的访问限制，以保证内网信息不会被外网获得。其具体设置如代码 5-8 第 72 和 73 行代码所示。

为了保证访问服务器的安全，现在越来越多的网站要求使用 HTTPS 访问。使用 HTTPS 访问就需要使用 3.1.3 小节中提及的 SSL 证书（商用 SSL 证书对正式的 H5 应用来说更为稳妥），有关 HTTPS 的配置如代码 5-8 第 64~110 行代码所示，涉及 SSL 证书的设置如代码 5-8 第 75 和 76 行代码所示。

（3）nginx 日志配置

日志是运维分析、安全取证的一个重要的数据来源。从安全角度讲，将日志（注意，日志在服务器上保存的时间应不低于连续的 6 个自然月）发送到另外一台独立的日志服务器上保存是非常必要的，这也符合相关法律的要求。这里所说的日志不仅包括 nginx 服务器的访问日志，还包括 error 日志和 Linux 的相关日志等。

关于 nginx 的调试优化及更多的安全防护等内容，请读者自行学习。

4. 启动 nginx 服务

nginx 服务的启动步骤如下。

第 1 步：将代码 5-9 保存为文件 nginx.service，并复制到 /usr/lib/systemd/system/ 目录下。

代码 5-9

```
1  [Unit]
2  Description=nginx - high performance web server
3  Documentation=http://nginx.org/en/docs/
4  After=network.target remote-fs.target nss-lookup.target
5
6  [Service]
7  Type=forking
8  PIDFile=/var/run/nginx.pid
9  ExecStartPre=/usr/sbin/nginx -t -c /etc/nginx/nginx.conf
10 ExecStart=/usr/sbin/nginx -c /etc/nginx/nginx.conf
11 ExecReload=/bin/kill -s HUP $MAINPID
12 ExecStop=/bin/kill -s QUIT $MAINPID
13 PrivateTmp=true
14
15 [Install]
16 WantedBy=multi-user.target
```

第 2 步：启动 nginx 服务，启动 nginx 服务的命令为 sudo systemctl start nginx，设置服务自启动的命令为 sudo systemctl enable nginx。

第 3 步：验证 nginx 服务是否启动成功，访问 192.168.x.x，如果看到图 5-17 所示的结果，则证明 nginx 服务启动成功。此外，如果访问代码 5-4（phpinfo.php）出现图 5-18 所示的页面，则证明 PHP 服务启动成功。

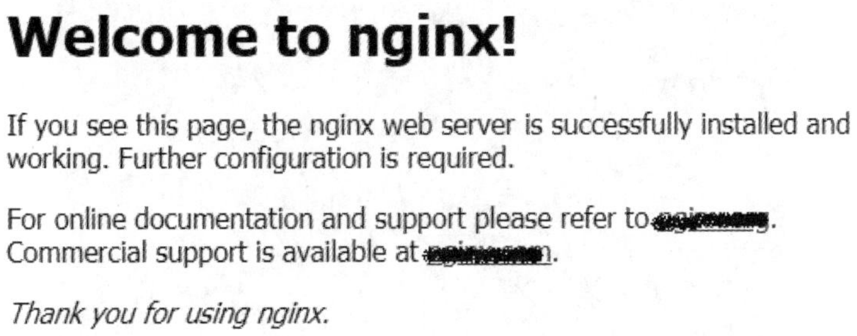

Welcome to nginx!

If you see this page, the nginx web server is successfully installed and working. Further configuration is required.

For online documentation and support please refer to [illegible].
Commercial support is available at [illegible].

Thank you for using nginx.

图 5-17　nginx 服务验证

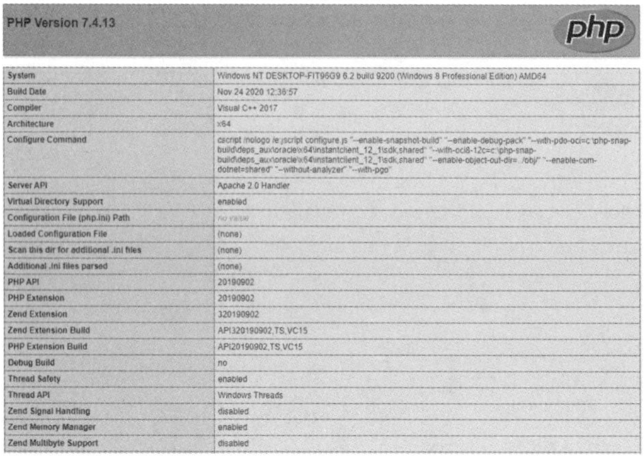

PHP Version 7.4.13

System	Windows NT DESKTOP-FIT96G9 6.2 build 9200 (Windows 8 Professional Edition) AMD64
Build Date	Nov 24 2020 12:36:57
Compiler	Visual C++ 2017
Architecture	x64
Configure Command	cscript /nologo /e:jscript configure.js "--enable-snapshot-build" "--enable-debug-pack" "--with-pdo-oci=c:\php-snap-build\deps_aux\oracle\x64\instantclient_12_1\sdk,shared" "--with-oci8-12c=c:\php-snap-build\deps_aux\oracle\x64\instantclient_12_1\sdk,shared" "--enable-object-out-dir=../obj/" "--enable-com-dotnet=shared" "--without-analyzer" "--with-pgo"
Server API	Apache 2.0 Handler
Virtual Directory Support	enabled
Configuration File (php.ini) Path	no value
Loaded Configuration File	(none)
Scan this dir for additional .ini files	(none)
Additional .ini files parsed	(none)
PHP API	20190902
PHP Extension	20190902
Zend Extension	320190902
Zend Extension Build	API320190902,TS,VC15
PHP Extension Build	API20190902,TS,VC15
Debug Build	no
Thread Safety	enabled
Thread API	Windows Threads
Zend Signal Handling	disabled
Zend Memory Manager	enabled
Zend Multibyte Support	disabled

图 5-18　PHP 服务验证

5.2.5　LNMP 的安全升级和加固

初步安装后的 CentOS 同 Windows 一样需要不断进行更新（update）升级（upgrade）。图 5-19 显示的是安装 CentOS-7-x86_64-Minimal-1810.iso 两个月后，第 1 次升级时更新的包的数量。

```
  Verifying  : 1:openssl-libs-1.0.2k-16.el7.x86_64                          370/375
  Verifying  : kmod-libs-20-23.el7.x86_64                                   371/375
  Verifying  : libcap-2.22-9.el7.x86_64                                     372/375
  Verifying  : tzdata-2018e-3.el7.noarch                                    373/375
  Verifying  : kernel-tools-3.10.0-957.el7.x86_64                           374/375
  Verifying  : ipset-libs-6.38-2.el7.x86_64                                 375/375

Installed:
  iwl7260-firmware.noarch 0:25.30.13.0-79.el7      kernel.x86_64 0:3.10.0-1160.6.1.el7

Dependency Installed:
  bc.x86_64 0:1.06.95-13.el7           bind-export-libs.x86_64 32:9.11.4-26.P2.el7_9.2
  geoipupdate.x86_64 0:2.5.0-1.el7

Updated:
  GeoIP.x86_64 0:1.5.0-14.el7
  NetworkManager.x86_64 1:1.18.8-2.el7_9
  NetworkManager-libnm.x86_64 1:1.18.8-2.el7_9
  NetworkManager-team.x86_64 1:1.18.8-2.el7_9
  NetworkManager-tui.x86_64 1:1.18.8-2.el7_9
  NetworkManager-wifi.x86_64 1:1.18.8-2.el7_9
  acl.x86_64 0:2.2.51-15.el7
  alsa-lib.x86_64 0:1.1.8-1.el7
  audit.x86_64 0:2.8.5-4.el7
  audit-libs.x86_64 0:2.8.5-4.el7
  bash.x86_64 0:4.2.46-34.el7
  bind-libs-lite.x86_64 32:9.11.4-26.P2.el7_9.2
  bind-license.noarch 32:9.11.4-26.P2.el7_9.2
  binutils.x86_64 0:2.27-44.base.el7
  biosdevname.x86_64 0:0.7.3-2.el7
  ca-certificates.noarch 0:2020.2.41-70.0.el7_8
```

图 5-19　CentOS 第 1 次升级

思考与提示

CentOS 升级用的安装包并不一定是最新的安装包，安装其升级的安装包后会有一些安全问题，因此在系统升级过后，需要对系统的一些漏洞进行修复。另外，选择安装包时应防止旧版本的安装包替代新版本安装包，因为可能会引出意料之外的漏洞，产生安全问题。

对于系统升级后的漏洞修复，限于篇幅原因，这里仅介绍以下 3 种。

1. ICMP timestamp 请求响应漏洞

解决 ICMP timestamp 请求响应漏洞可以通过执行命令 `sed -i '$a net.ipv4.tcp_timestamps==0' /etc/sysctl.conf` 来完成。

2. 升级 OpenSSL 和 OpenSSH

谈及 OpenSSH，首先要介绍安全外壳（Secure Shell，SSH）协议。SSH 协议是建立在应用层和传输层基础上的安全协议。SSH 协议采用加密方式进行通信，是专为远程登录会话和其他网络服务提供安全性保障的协议。利用 SSH 协议可以有效防止远程管理过程中的信息泄露，其比传统的远程终端（Telnet）协议要安全许多。OpenSSH 是实现 SSH 协议的免费、开源软件。

谈及 OpenSSL，就要介绍 SSL 协议。SSL 协议位于 TCP/IP 协议族与各种应用层协议之间，为数据通信提供安全支持。SSL 协议是为网络通信提供安全和数据完整性保障的一种安全协议。OpenSSL 是一个实现 SSL 协议的免费、开源软件。

OpenSSH 与 OpenSSL 有时会被认为有关联，但实际上这两者之间仅仅是名称相似，两个开源软件涉及的协议不同、目的不同、运维团队不同，两者只有在开源方面和加密通信方面是相同的。

（1）OpenSSL 的升级

升级 OpenSSL 之前要打开 OpenSSL 的官网，查看 OpenSSL 的版本与当前系统的版本之间的差别，查看 OpenSSL 版本的命令为 `openssl version`。

确认升级版本之后，下载 openssl-1.1.1h.tar.gz，然后上传到系统中，或者执行命令 `wget https://www.openssl.org/source/openssl-1.1.1h.tar.gz` 将文件直接下载到系统中。

思考与提示

本书不推荐使用 wget 下载文件，这是因为很多服务器有可能不与互联网相连接，找不到相对应的内网 YUM 源。此外，这种方法会多安装一个 wget，这就会增大产生安全问题的概率。

键入代码 5-10 对 OpenSSL 进行升级。

代码 5-10

```
1  tar zxvf openssl-1.1.1h.tar.gz
2  cd openssl-1.1.1h
3  ./config --prefix=/usr/local/openssl
4  make && make install
5  mv /usr/bin/openssl /usr/bin/openssl.old
6  mv /usr/lib64/openssl /usr/lib64/openssl.old
7  mv /usr/lib64/libssl.so /usr/lib64/libssl.so.old
8  ln -s /usr/local/openssl/bin/openssl /usr/bin/openssl
9  ln -s /usr/local/openssl/include/openssl /usr/include/openssl
10 ln -s /usr/local/openssl/lib/libssl.so /usr/lib64/libssl.so
11 echo "/usr/local/openssl/lib" >> /etc/ld.so.conf
12 ldconfig -v
13 openssl version
14 make clean
15 cd ..
```

最后，使用 openssl version 命令进行验证，如果版本确是 OpenSSL 1.1.1h，则证明升级成功。

（2）OpenSSH 的升级

升级 OpenSSH 前需要打开 OpenSSH 的官网，查看 OpenSSH 的版本与当前系统的版本之间的差别，查看 OpenSSH 版本的命令为 `sshd -v`。

确认升级版本之后，下载 openssh-8.4p1.tar.gz 到系统中，使用代码 5-11 进行升级。

代码 5-11

```
1  tar zxvf openssh-8.4p1.tar.gz
2  cd openssh-8.4p1
```

```
3  service sshd stop
4  mv -f /etc/ssh /etc/ssh.old
5  rpm -qa | grep openssh
```

执行到 `rpm -qa | grep openssh` 时，需要停下来看一下系统究竟安装了哪些 OpenSSH 的安装包，如图 5-20 所示。使用 `rpm -e -nodeps` 将图 5-20 中所示的已安装的 OpenSSH 安装包全部删除。需要格外注意的是 Linux 的 sshd 服务虽然被关闭，但当前的 SSH 会话并不会因此而中断。如果此时进行的是远程操作，而又出现与服务器 SSH 中断的情况，就需要到服务器的设备上进行“补救”。

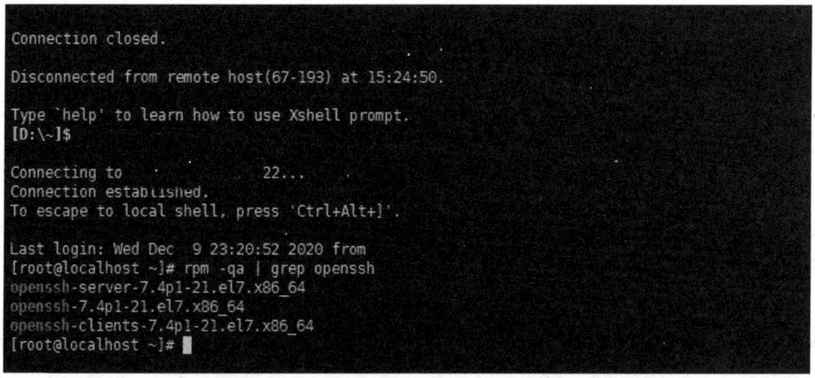

```
Connection closed.

Disconnected from remote host(67-193) at 15:24:50.

Type `help' to learn how to use Xshell prompt.
[D:\~]$

Connecting to             22...
Connection established.
To escape to local shell, press 'Ctrl+Alt+]'.

Last login: Wed Dec  9 23:20:52 2020 from
[root@localhost ~]# rpm -qa | grep openssh
openssh-server-7.4p1-21.el7.x86_64
openssh-7.4p1-21.el7.x86_64
openssh-clients-7.4p1-21.el7.x86_64
[root@localhost ~]#
```

图 5-20　查询已安装的 OpenSSH 安装包

删除已安装的 OpenSSH 安装包之后，可以针对 openssh-8.4p1 目录下版本文件里的 banner 进行修改，然后运行代码 5-12。

代码 5-12

```
1  ./configure --prefix=/usr/local/openssh --sysconfdir=/etc/ssh --with-
2  ssl-dir=/usr/local/ssl --with-zlib=/usr/local/zlib
3  make -j 4 && make install
4
5
6  echo "X11Forwarding yes" >> /etc/ssh/sshd_config
7  echo "X11UseLocalhost no" >> /etc/ssh/sshd_config
8  echo "XAuthLocation /usr/bin/xauth" >> /etc/ssh/sshd_config
```

```
 9 echo "UseDNS no" >> /etc/ssh/sshd_config
10 echo 'PermitRootLogin yes' >> /etc/ssh/sshd_config
11 echo 'PubkeyAuthentication yes' >> /etc/ssh/sshd_config
12 echo 'PasswordAuthentication yes' >> /etc/ssh/sshd_config
13
14 mv /usr/sbin/sshd /usr/sbin/sshd.bak
15 cp -rf /usr/local/openssh/sbin/sshd /usr/sbin/sshd
16 mv /usr/bin/ssh /usr/bin/ssh.bak
17 cp -rf /usr/local/openssh/bin/ssh /usr/bin/ssh
18 mv /usr/bin/ssh-keygen /usr/bin/ssh-keygen.bak
19 cp -rf /usr/local/openssh/bin/ssh-keygen /usr/bin/ssh-keygen
20
21 sshd -v
22 systemctl stop sshd.service
23 rm -rf /lib/systemd/system/sshd.service
24 systemctl daemon-reload
25 cp /root/openssh-8.4p1/contrib/redhat/sshd.init /etc/init.d/sshd
26 /etc/init.d/sshd restart
27 systemctl status sshd
28
29 chkconfig --add  sshd
```

验证：在客户端通过命令提示的方式，执行 telnet 192.168.x.x 22（建议在生产环境中修改 SSH 端口，不要使用默认的 22 号端口）对安装结果进行验证，如果回显的版本与安装版本一致，则安装成功。

对新版本的 OpenSSH 升级要考虑到相关联的依赖包的版本，如本书示例中的版本为 7.9p1（由于安全方面的原因，可能很快就会出现更新的版本），需要按顺序对 zlib、Perl、OpenSSL 这 3 个依赖包进行升级。其中，对 Perl 的升级最为重要，因为 Perl 的版本过旧会造成无法进 SSH。如果安装之前不存在 Perl，升级安装会比较简便，但如果原有系统中的 OpenSSH 中已经安装 Perl，就需要在安装之后，执行如下命令才能得到高版本的 Perl。

```
mv /usr/bin/perl /usr/bin/perl.bak
ln -s <安装 Perl 的目录> /usr/bin/perl
```

3. 防火墙加固

从 CentOS 7 开始，系统中所自带的防火墙已经由 CentOS 6 时期的 iptables 变更为 firewalld，系统利用 firewalld 对出入系统的端口和协议进行限制。filewalld 是默认打开的，其默认规则如图 5-21 所示。

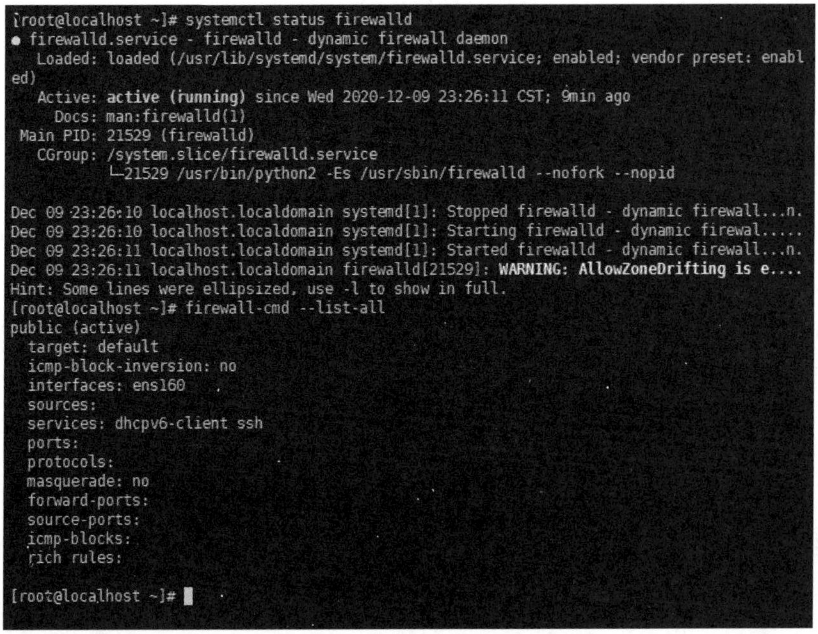

```
[root@localhost ~]# systemctl status firewalld
● firewalld.service - firewalld - dynamic firewall daemon
   Loaded: loaded (/usr/lib/systemd/system/firewalld.service; enabled; vendor preset: enabl
ed)
   Active: active (running) since Wed 2020-12-09 23:26:11 CST; 9min ago
     Docs: man:firewalld(1)
 Main PID: 21529 (firewalld)
   CGroup: /system.slice/firewalld.service
           └─21529 /usr/bin/python2 -Es /usr/sbin/firewalld --nofork --nopid

Dec 09 23:26:10 localhost.localdomain systemd[1]: Stopped firewalld - dynamic firewall...n.
Dec 09 23:26:10 localhost.localdomain systemd[1]: Starting firewalld - dynamic firewal.....
Dec 09 23:26:11 localhost.localdomain systemd[1]: Started firewalld - dynamic firewall...n.
Dec 09 23:26:11 localhost.localdomain firewalld[21529]: WARNING: AllowZoneDrifting is e....
Hint: Some lines were ellipsized, use -l to show in full.
[root@localhost ~]# firewall-cmd --list-all
public (active)
  target: default
  icmp-block-inversion: no
  interfaces: ens160
  sources:
  services: dhcpv6-client ssh
  ports:
  protocols:
  masquerade: no
  forward-ports:
  source-ports:
  icmp-blocks:
  rich rules:

[root@localhost ~]#
```

图 5-21 查看 firewalld 的服务状态

对当前的实验环境而言（2020 年前，暂不考虑 ipv6），结合已经安装的 nginx 和用于防止 ICMP 时间戳攻击的策略，可以考虑按代码 5-13 进行设置。

代码 5-13

```
1 firewall-cmd --permanent --add-icmp-block=timestamp-request
2 firewall-cmd --permanent --add-icmp-block=timestamp-reply
3 firewall-cmd --permanent --add-port=80/tcp
4 firewall-cmd --permanent --add-port=443/tcp
5 firewall-cmd --remove-service dhcpv6-client --permanent
6 firewall-cmd -reload
```

firewall 的命令中：

❶ –permanent 表示此规则不是临时规则，而是写入防火墙的配置；

❷ –add-xxx 表示增加一个开放条目，其中 port 参数表示增加一个允许访问端口（区分 TCP 协议和 UDP 协议）；

❸ service 表示增加一个允许访问的协议；

❹ --remove-xxx 的功能则与 --add-xxx 的功能相反；

❺ firewall-cmd -reload 很重要，它负责规则的更新。

还有一点需要说明，代码 5-13 中的 firewall-cmd --permanent --add-icmp-block= timestamp-request 和 firewall-cmd --permanent --add-icmp-block=timestamp-reply，是防止 ICMP timestamp 请求响应漏洞的，与在配置文件 sysctl.conf 中进行防护的效果相同。

另外，可以使用 rich-rule 对防火墙进行更详细的配置，来提高安全防护水平，如执行命令 firewall-cmd --permanent --add-rich-rule="rule family="ipv4" source address="192.168. 207.0/24" port protocol="tcp" port="21" accept"。

思考与提示

安装 OpenSSL 和 OpenSSH 的过程看似简单，但这些都是前人研究文档并结合实际工作总结得来的总结。建议初学者在实验环境下尽量采用 YUM 源的方式进行安装。

综上所述，安全防护是个系统工程，需要在考虑成本的情况下进行统筹决策。不同的防护措施的安全防护策略应当有所重叠，这样的好处在于当某一防护措施失效后还有与之相交叉的安全防护功能可以提供类似的安全防护，这一点很重要。

第 6 章

服务器端的应用安全防护

当服务器操作系统被加固后，应用的隐患就显得格外明显。实际生产环境中，如果只依靠前端防护，服务器端不做防护是非常危险的。本章将通过具体示例介绍服务器端的安全防护，目的是使读者能够对服务器端的安全防护有一个相对全面的了解，并将这些具体示例的防护思路应用到今后的开发工作中。本章主要内容如图 6-1 所示。

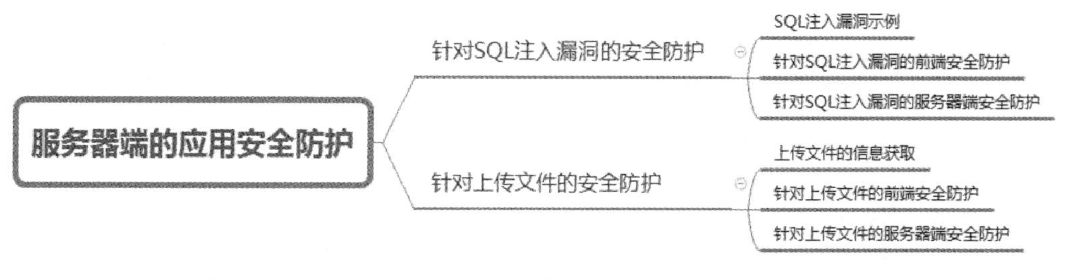

图 6-1　本章主要内容

6.1　针对 SQL 注入漏洞的安全防护

数据库的安全主要包括物理安全和数据安全两方面的内容，本节所提及的数据库安全指的是后者。数据库安全防护中经常要做的工作就是针对 SQL 注入漏洞进行安全防护。

SQL 注入（SQL Injection）漏洞是 H5 应用中非常容易出现的安全漏洞。SQL 注入通过程序，将不属于程序预期的 SQL 语句传输到后台数据库中，用以非法控制网站和窃取数据库信息。由于 SQL 注入可能发生在表单提交、URL 提交等多个环节，因此对 SQL 注入漏洞的安全防护应当从前端、服务器等多个方面进行。

6.1.1 SQL 注入漏洞示例

没有对用户名、口令进行安全防护的页面极易产生 SQL 注入漏洞。代码 6-1 没有对用户名和口令进行安全防护，因此，当别有用心者访问该代码编写的登录页面时，就有可能利用 SQL 注入非法控制网站或窃取数据库信息。

代码 6-1

```
1  <!DOCTYPE html>
2  <html>
3      <head>
4          <meta charset="utf-8" />
5          <title>demo</title>
6          <style>
7              .wrap{
8              text-align: center;
9              }
10         </style>
11     </head>
12     <body>
13         <div class="wrap" >
14             <form name="form1" action="no_safe.php" method="post"
15 id="form1">
16                 <input name="username" type="text"
17 placeholder="username" autocomplete="off" required="required"
18 autofocus="on" /><br />
19                 <input type="password" name="password"
20 placeholder="password" autocomplete="off" /><br />
21                 <input type="submit" value="submit" />
22             </form>
23         </div>
24     </body>
25 </html>
```

用户登录代码 6-1 编写的页面后，输入用户名和口令，点击“submit”按钮进行登录后，前端网页就将用户所输入的信息传送给服务器端的 no_safe.php，如代码 6-2 所示。

代码 6–2

```
1  <?php
2      $mysql_conf=array(
3        'host'     => '126.0.0.1:3306',
4        'db'       => 'my_db',
5        'db_user' => 'root',
6        'db_pwd'   => 'db.pwd', );
7      $username=$_POST["username"];
8      $password=$_POST["password"];
9      $mysqli=@new mysqli($mysql_conf['host'], $mysql_conf['db_user'],
10 $mysql_conf['db_pwd']);
11     if ($mysqli->connect_errno) {
12       die(" 数据库服务器连接错误: ".$mysqli->connect_error);
13     }
14     $mysqli->query("set names 'utf8';");
15     $select_db=$mysqli->select_db($mysql_conf['db']);
16     if (!$select_db) {
17       die(" 数据库连接错误 :\n".$mysqli->error);
18     }
19     $sql="select * from user_tbl where user_name='".$username."' and
20 user_password='".$password."'";
21     echo "SQL:".$sql."<br />";
22     $res=$mysqli->query($sql);
23     if (!$res) {
24       die("SQL 语句错误 :\n".$mysqli->error);
25     }else{
26       if(mysqli_num_rows($res)){
27         echo " 欢迎: ";
28         while ($row=$res->fetch_assoc()) {
29           echo "<br />".$row["user_name"];}
30       }else{
31         echo " 没有用户 ";
32       }
33     }
34 ?>
```

代码 6-2 的功能是连接服务器的数据库，并将前端传递的用户名和口令放入 SQL 语句 `"select * from user_tbl where user_name='".$username."' and user_password='".$password."'"`；中，然后进行数据库查询，以验证用户名和口令是否匹配。SQL 语句的验证结果有以下两种。

❶ SQL 语句查询到符合 user_name 为“test1”，并且 user_password 为“pass1”条件的用户。在这种情况下，服务器端的 no_safe.php 会返回一个信息：“欢迎：”，如图 6-2 所示。

❷ SQL 语句未查询到符合 user_name 为“test1”，并且 user_password 为“pass1”条件的用户。在这种情况下，服务器端的 no_safe.php 会返回另外一个信息：“没有用户”。

思考与提示

本示例中的用户名和口令请使用 5.1.2 小节中表 5-2 中的信息。

如图 6-2 所示，服务器返回的结果中出现了 SQL 语句，在实际生产环境中这将会造成严重的信息泄露。在实际生产环境中出现上述情况，就会导致被“封锁”在服务器中不能被用户访问的 MariaDB 信息被泄露，使别有用心者可以利用这些被泄露的信息对数据库进行判断，寻找 SQL 注入漏洞。

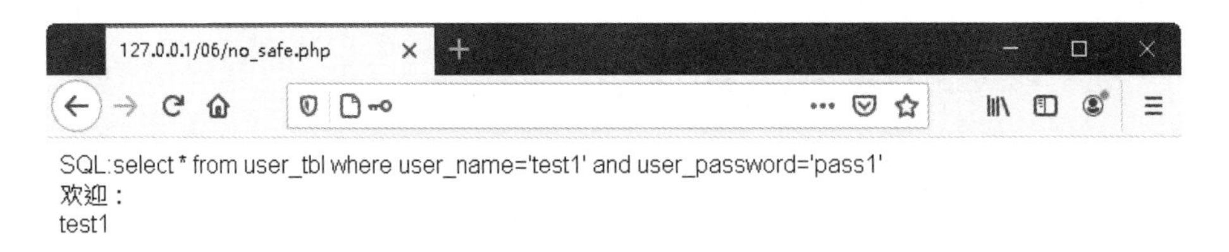
127.0.0.1/06/no_safe.php
SQL:select * from user_tbl where user_name='test1' and user_password='pass1'
欢迎：
test1

图 6–2　用户认证通过的信息反馈

图 6-3 显示的是服务器反馈给用户的 SQL 语句执行错误的信息反馈，这些反馈信息同样可以使别有用心者据此对数据库进行判断，以寻找 SQL 注入漏洞。

开发者往往会用代码 6-1 中 `select * from user_tbl where user_name='".$username."' and user_password='".$password."'` 这种通用形式编写代码。其中，$username、$password 为变量名。

127.0.0.1/06/no_safe.php
SQL:select * from user_tbl where user_name='uid' and user_password='ass2' or '1'='1''
SQL语句错误: You have an error in your SQL syntax; check the manual that corresponds to your MySQL server version for the right syntax to use near ''1''' at line 1

图 6-3　SQL 语句执行错误的信息反馈

代码 6-1 中的语句 `$username=$_POST["username"];` 和 `$password=$_POST["password"];` 的功能是将前端页面传递过来的 username 和 password，赋值给代码 6-1 中的变量 $username 和 $password。

当用户输入的用户名为“test1”，输入的口令为“pass1”时，具体的查询语句 `select * from user_tbl where user_name= "test1" and user_password= "pass1"` 会被清楚地显示在图 6-2 中。

而当用户输入的用户名为“uid”，输入的口令为 `"ass2' or '1'='1"` 时，SQL 语句也同样按照开发者的预期执行，并给出相应的结果，如图 6-4 所示。

图 6-4 所示的结果让人会感到很意外：虽然用户名和口令与数据库中的记录不匹配，但应用却允许其登录。这是因为语句中出现了表达式 or'1'='1'。

虽然应用已经认为 uid 对应的用户属于合法用户，但显然数据库中并没有 uid 相应的用户记录。仔细观察图 6-4 中的 SQL 语句可以发现：当用户输入的口令为 `"ass2' or '1'='1'"` 时，语句 `select * from user_tbl where user_name='".$username."' and user_password='".$password."'` 的内容，变成了 `select * from user_tbl where user_name=''uid' and user_password='ass2' or '1' = '1'`。显然生成的 SQL 语句已经背离了设计者的初衷。

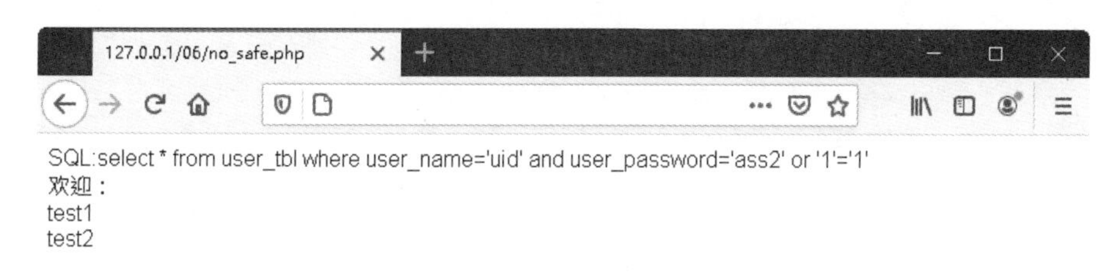
127.0.0.1/06/no_safe.php
SQL:select * from user_tbl where user_name='uid' and user_password='ass2' or '1'='1'
欢迎：
test1
test2

图 6-4　通过口令实施 SQL 注入的认证信息反馈

正是由于查询语句中出现了 or '1' = '1'，依据 SQL 语句中的逻辑判断优先级顺序 not、and、or，会使查询语句首先对 user_name=''uid' and user_password='ass2' 进行判断，然后再用这个判断的结果同 '1' = '1' 进行 or 的运算，使得查询语句等效为 select * from user_tbl where '1' = '1'，这样会出现漏洞。

通过对上述示例的分析可知：将代码写成代码 6-1 中 select * from user_tbl where user_name='".$username."' and user_password='".$password."' 这样的通用形式可能会带来 SQL 注入漏洞，这种代码编写方式是不可取的。

思考与提示

SQL 语句的单行注释可采用“--”标记，“--”后面出现的任何内容将不会被执行；MySQL 中的单行注释可以采用“--”（有一个空格）标记，也可以采用“#”作为单行注释标记。

6.1.2 针对 SQL 注入漏洞的前端安全防护

在前端防护中，通常使用转义处理对用户输入的信息进行安全防护。对用户信息进行转义处理后，信息中的特殊字符将会被转义，从而无法实施 SQL 注入，代码 6-3 就是利用转义处理进行前端防护的示例。

代码 6-3

```
1  <!DOCTYPE html>
2  <html>
3      <head>
4          <meta charset="utf-8" />
5          <title>demo</title>
6          <style>
7              .wrap{
8                  text-align: center;
9              }
10         </style>
11         <script>
```

```
12              function checkBeforePost(){// 前端阻塞点安全核查
13                  oldUsername=document.getElementById("username").value;
14                  newUsername=escape(oldUsername);
15                  document.getElementById("username").value=newUsername;
16                  return true;
17              }
18          </script>
19      </head>
20      <body>
21          <div class="wrap" >
22              <form name="form1" action="no_safe.php" method="post"
23  id="form1" onsubmit="return checkBeforePost();">
24                  <input name="username" id="username" type="text"
25  placeholder="username" autocomplete="off" required="required"
26  autofocus="on" /><br />
27                  <input type="password" name="password" id="password"
28  placeholder="password" autocomplete="off" /><br />
29                  <input type="submit" value="submit" />
30              </form>
31          </div>
32      </body>
33  </html>
```

代码 6-3 同代码 6-1 一样，将用户输入的用户名和口令传送给服务器的 no_safe.php。不同的是，代码 6-3 中采取了前端安全防护，即在 form 标签将信息提交前的这个阻塞点进行安全核查，前端通过 function checkBeforePost() 对已经输入的用户名进行了转义处理，使代码 6-1 中“百试百灵”的 `'asdf' or '1'='1'; -- '` 失去了作用，如图 6-5 所示。

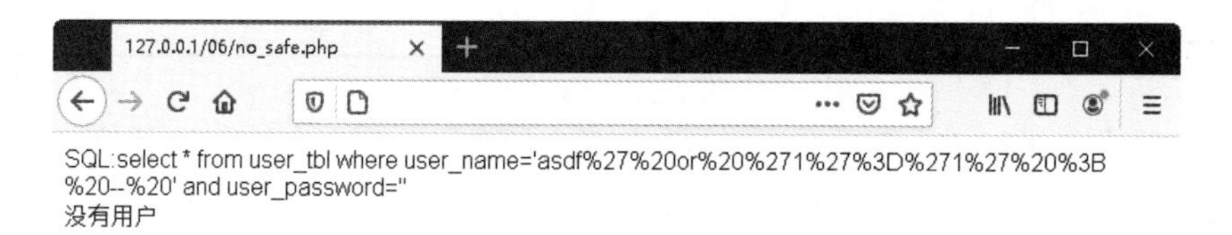

图 6-5　前端安全防护防止了 SQL 注入

代码 6-3 中， JavaScript 代码将用户所提交的信息进行了转义处理（这里用的是 escape() 函数将提交的特殊字符、空格、引号等全部转为“%XX”的格式），之后将其发送给 PHP 处理页面，使得 SQL 语句按照预期的设计效果进行查询，查询语句为 select * from user_tbl where user_name='asdf%2720or%20%271%27%3D%271%3B%20--%20' and user_password='pwd'，使 'asdf' or '1'='1'; --' 被看作一个字符串，而不会被错误地拆分成 'asdf'、 or、 '1'='1' 后进行 or 判断处理。这样就阻止了大部分的敏感字符造成的 SQL 注入漏洞。

此外，代码 6-3 中所采用的方式是在 form 标签的 onsumbmit 事件中调用函数 checkBeforePost()。开发者完全可以将 checkBeforePost() 函数的功能配置得更为强大，如进一步检查口令输入是否正确，即当口令存在不符合前端与服务器数据（格式、特殊字符等）约定的情况时，checkBeforePost() 函数返回值为 false，不进行表单提交，并提示用户修改相应输入框中的信息。

关于代码 6-3 还有以下两点需要说明。

❶ 用户名不能出现“;”“#”之类的特殊字符，用户在进行用户名注册的时候就应避免使用这些特殊字符。

❷ 当用户名中包含“test; # --1”或“group by”这类能够影响 SQL 语句执行查询的字符串时，在输入用户名后，并且所输入的口令是正确的情况下，因为经过了转义处理，所以无法通过验证，无法进行登录。转义处理保证了数据库不被注入，如果确实要使用转义处理进行验证，还需要对服务器进行处理，如进行 unescape() 处理。

这里要说明的是代码 6-3 没有对 password 进行转义处理，也没有对 password 的组成进行特殊字符的限制，其原因在于高强度的 password 往往是由数字、大小写字母及特殊字符排列组合而成的。

思考与提示

如何解决 password 不能进行转义处理的安全隐患呢？这里提供了一个方法，就是不要执行 select * from user_tbl where user_name='".$username."' and user_password='".$password."'，仅执行 select * from user_tbl where user_name='".$username."'，然后将取得的 password 与用户输入的口令进行字符串比对，从而避免 'asdf' or '1'='1'; --' 之类的 SQL 注入漏洞产生。这种做法只为读者提供一个思路，由于在实际生产环境中效率不高，因此不建议使用。

6.1.3 针对 SQL 注入漏洞的服务器端安全防护

对应用进行调试时，开发者往往会自己编写代码，或借助第三方工具直接访问服务器进行调试，这就可以绕过网页表单的检查而对服务器产生安全威胁。代码 6-4 所示的示例就是用 Python 代码来实现绕过网页表单的检查直接提交数据到服务器端。

代码 6–4

```
1  import http.client
2  import urllib.parse
3  pararms=urllib.parse.urlencode({"username": "asdf' or '1'='1'; -- ",
4  "password": ""})
5  headers={"Content-type": "application/x-www-form-urlencoded",
6  "Accept": "text/plain"}
7  conn=http.client.HTTPConnection("localhost")
8  conn.request('POST', '/06/no_safe.php', pararms, headers)
9  response=conn.getresponse()
10 print(response.status, response.reason)
11 data=response.read()
12 print(data, type(data.decode('utf-8')))
13 conn.close()
```

运行代码 6-4，服务器端返回的信息如图 6-6 所示。运行代码 6-4 在避开了浏览器的情况下，获取到了数据库中的用户名。由此可以看出，使用代码可以避开前端网页中的安全防护，对服务器发出正常的请求。此时，服务器无法确认请求是否为前端网页发起的，并进行了正常的响应，从而形成了 SQL 注入漏洞。

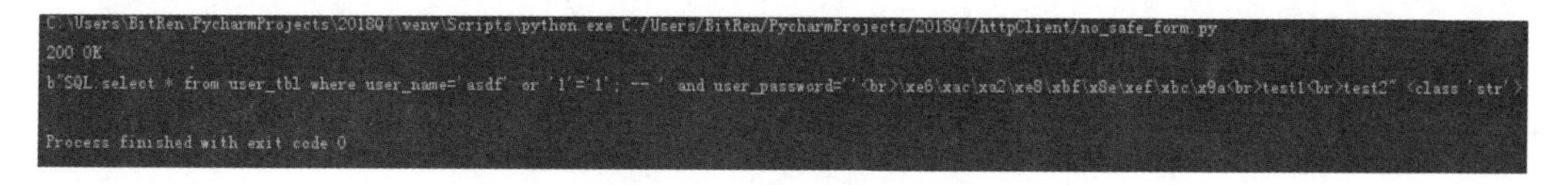

图 6–6　服务器返回的信息

针对 SQL 注入漏洞，服务器可以采取多种安全防护手段，如将 SQL 语句进行参数化处理，或者禁止将用户输入的信息直接嵌入 SQL 语句中等方法。关于这方面的内容，PHP 官网给出了中肯的建议：

❶ 不要试图采用拼接 SQL 语句的方式构建 SQL 语句；

❷ 尽量应用 prepare 与 bind_param 结合的方式构建 SQL 语句。

这些建议的目的是减少开发者的工作量，使开发者无须编写 PHP 代码对参数进行检查，而只需将参数交给 PHP 系统去完成。这样做的同时，能够避免客户端在数据中掺杂有 SQL 注入攻击的语句（如 `or '1'='1`）。

在代码 6-2 的基础上增加了服务器端的安全防护代码，如代码 6-5 所示，其作用是避免服务器端产生 SQL 注入漏洞。

代码 6-5

```
1  <?php
2    $username=$_POST["username"];
3    $password=$_POST["password"];
4    $mysql_conf=array(
5      'host'    => '126.0.0.1:3306',
6      'db'      => 'my_db',
7      'db_user' => 'root',
8      'db_pwd'  => '', );
9    $mysqli=@new mysqli($mysql_conf['host'], $mysql_conf['db_user'],
10 $mysql_conf['db_pwd']);
11   if ($mysqli->connect_errno) {
12     die("数据库服务器连接错误：".$mysqli->connect_error);
13   }
14   $mysqli->query("set names 'utf8';");
15   $select_db=$mysqli->select_db($mysql_conf['db']);
16   $stmt=$mysqli->prepare("SELECT * FROM user_tbl WHERE user_name==?
17 and user_password=?");
18   $stmt->bind_param("ss", $username, $password);
19   $stmt->execute();
20   $res=$stmt->get_result();
21   if (!$res) {
22     die("SQL语句错误：\n".$mysqli->error);
23   }else{
24     if(mysqli_num_rows($res)){
25       echo "欢迎(Welcome)：";
26       while ($row=$res->fetch_assoc()) {
27         echo "<br />".$row["user_name"];
28       }
29     }else{
```

```
30          echo "没有用户(No Such User)";
31        }
32      }
33      $res->free();
34      $mysqli->close();
35 ?>
```

代码 6-2 中，SQL 语句采取的是拼接编写方式。代码 6-5 中的 SQL 语句采用的则是 PHP 官网建议的 prepare 与 bind_param 结合的方式，具体代码如下所示。

```
$stmt=$mysqli->prepare("SELECT * FROM user_tbl WHERE user_name==? and user_password=?");
$stmt->bind_param("ss", $username, $password);
$stmt->execute();
```

首先，对查询语句进行初始化：`$stmt=$mysqli->prepare("SELECT * FROM user_tbl WHERE user_name==? and user_password=?");`。该查询语句中涉及变量的地方采用“?”进行占位，但此时并不会为其赋值。

其次，通过语句 `$stmt->bind_param("ss", $username, $password);` 绑定前端传递过来的 username 和 password 的值，即将已经准备好的 SQL 语句需要赋值的地方进行赋值。其中第 1 个 "" 中的内容是后面需要占位的数据类型，s 表示数据类型是字符串。

最后，通过 `$stmt->execute();` 执行查询。

这种做法避免了拼接 SQL 语句可能提高安全风险的问题，同时减少了服务器端编程的代码量，从而避免代码编写出错或者遗漏等问题。此外，由于 PHP 内部验证是通过动态链接库（本地二进制代码）实现的，因此其运行效率要远远高于通过脚本进行验证的效率。

代码 6-5 的运行效果表明在没有前端防护的情况下，仅凭服务器端的防护也可以防止 SQL 注入的发生。虽然如此，但需要注意：

❶ 因为服务器对用户名的安全防护是“最后一道防线”，所以服务器对用户名的安全防护是不能省略的；

❷ 安全并不是单一防御就可以保障的，需要前端、通信环节、服务器端相互配合，才能更好地完成安全防护工作。

思考与提示

不同的服务器，甚至PHP的不同版本之间，针对SQL注入的安全防护手段都未必相同，这正如古人所说的“譬之若良医，病万变，药亦万变。病变而药不变，向之寿民，今为殇子矣。故凡举事必循法以动，变法者因时而化”。

将具有针对前端SQL注入漏洞的安全防护能力的代码（见代码6-6）与代码6-5配套使用，可从前端和服务器端共同防范SQL注入，其效果远比仅凭服务器端的安全防护要好得多。

代码 6-6

```
1  <!DOCTYPE html>
2  <html>
3      <head>
4          <meta charset="utf-8" />
5          <title>demo</title>
6          <style>
7              .wrap{
8                  text-align: center;
9              }
10         </style>
11         <script>
12             function checkBeforePost(){// 前端阻塞点安全核查
13                 oldUsername=document.getElementById("username").value;
14                 newUsername=escape(oldUsername);
15                 document.getElementById("username").value=newUsername;
16                 return true;
17             }
18         </script>
19     </head>
20     <body>
21         <div class="wrap" >
22             <form name="form1" action="you_safe.php" method="post"
23 id="form1" onsubmit="return checkBeforePost();”>
24                 <input name="username" id="username" type="text"
25 placeholder="username" autocomplete="off" required="required"
26 autofocus="on" /><br />
27                 <input type="password" name="password" id="password"
```

```
28 placeholder="password" autocomplete="off" /><br />
29                 <input type="submit" value="submit" />
30             </form>
31         </div>
32     </body>
33 </html>
```

由于代码6-6比较简单，请读者自己阅读并分析。

6.2　针对上传文件的安全防护

在前文介绍input标签的file属性时，已经通过示例对文件上传的安全问题进行过相关的介绍，但是如果没有服务器端的安全防护，仅凭前端网页对文件上传的安全防护，别有用心者仍可以绕开前端防护直接向服务器上传文件。因此前端浏览器和服务器相结合，同时对上传信息进行核查，才能够为应用提供进一步的安全保障。

6.2.1　上传文件的信息获取

要对上传文件进行安全防护，就要掌握上传文件的信息，并对上传文件的信息进行分析，结合应用对上传文件的要求进行判断，来实施有针对性的安全防护，防止上传文件时出现漏洞。

在上传文件之前，要对文件进行评估，即当用户在前端提交上传文件表单时就要利用浏览器获取用户准备上传的文件的信息——文件名。这样就可以通过文件名再进行如下的检查。

❶　检查文件类型是否符合要求。

❷　检查每个文件的大小，判断单个文件的大小是否遵循网站的相关规定。另外，将所有准备上传的文件的大小进行累加，判断上传文件大小总量是否遵循网站的相关规定。

❸　获取所有上传文件的数量，判断是否超过了一次上传限制的文件数量。

由于HTML5代码无法单独实现上述检查所需的功能，因此必须依靠浏览器端的

JavaScript 代码来实现其中的大部分检查所需的功能。代码 6-7 利用 JavaScript 代码实现对上传文件的检查所需的功能如下：

❶ 获得上传文件的完整文件名、扩展名和单个文件的大小（以字节为单位）；

❷ 对没有扩展名的文件，文件名本身就被默认为文件扩展名；

❸ 出于安全防护，在获取文件信息的时候，不会将涉及用户本地的相关（路径）信息显示出来；

❹ 文件总数量是直接获得的；

❺ 通过计算可获得文件大小总量（以字节为单位）。

代码 6-7

```
1  <!DOCTYPE html>
2  <html>
3      <head>
4          <meta charset="utf-8" />
5          <title>demo</title>
6          <style>
7              .wrap{
8                  text-align: center;
9              }
10             table,table tr th, table tr td {
11                 border:1px solid #0094ff;
12             }
13         </style>
14         <script>
15             function checkBeforeSubmit(obj){
16                 var files=obj.files;
17                 var totalSuccessSize=0;
18                 var fail=0;
19                 var msgSuccess="<table>" + "<caption>准备上传文件信
20 息</cation>" + "<th><td>文件名</td><td>文件大小</td><td>文件后缀</
21 td></th>";
22                 var totalFilesNumber=files.files.length;
23                 var allowFilesNumber==0;
24                 var successFileList=[];
25                 for(var i1=0; i1 < files.files.length; i1++){
26                     var filename=files.files[i1];
27                     var index=filename.name.lastIndexOf(".");
```

```
28                      var ext=filename.name.substr(index+1);
29                      allowFilesNumber ++;
30                      msgSuccess +=="<tr>" + "<td>" + allowFilesNumber
31  + "</td>" + "<td>" + filename.name + " </td>" + "<td>" + filename.
32  size + "</td>" + "<td>" + ext + "</td></tr>";
33                      totalSuccessSize +==filename.size;
34                      successFileList.push(filename);
35                  }
36                  document.getElementById("msg").innerHTML=msgSuccess
37  + "</table>文件数: " + allowFilesNumber + "个<br />总大小: " +
38  totalSuccessSize + " 字节"
39              }
40          </script>
41      </head>
42      <body>
43          <div class="wrap" id="msg"></div>
44          <br />
45          <div class="wrap" id="msg">
46              <form name="form1" action="fileupload2.php" method="post"
47  id="form1" enctype="multipart/form-data">
48                  <br /><input type="file" name="files[]" id="files"
49  multiple="mul tiple" />
50                  <br /><input type="button" value="检查文件" onclick=
51  ="checkBeforeSubmit(this.form)" />
52              </form>
53          </div>
54      </body>
55  </html>
```

代码 6-7 是通过 `function checkBeforeSubmit(obj)` 来实现检查功能的，具体执行结果如图 6-7 所示。

6.2.2　针对上传文件的前端安全防护

应用对上传文件通常会有一些约束条件，如：

❶ 仅允许上传大小不超过 1MB（1 × 1024 × 1024B）的独立文件；

❷ 仅允许一次最多上传 5 个文件；

❸ 上传文件大小总量不超过 2MB（2 × 1024 × 1024B）；

❹ 仅允许上传文本类型的文件（以 .txt、.log 等为扩展名的文件）或图片类型的文件（以 .jpg、.jpeg、.png 等为扩展名的文件）。

demo

准备上传文件信息

	文件名	文件大小	文件扩展名
1	2013.jpg	156480	jpg
2	180210-N-LK571-0089.JPG	9127041	JPG
3	110101200301202559_21110101101338.pdf	563484	pdf
4	apache2.conf.20191226	7419	20191226
5	Risha - Дороженька .mp3	9158564	mp3
6	smtp.jpg	33709	jpg
7	trh.tgz	20011361	tgz
8	www.tar.gz	24062521	gz
9	黑莓短信铃声.mp3	27458	mp3
10	新建文本文档.txt	25	txt

文件数：10个

总大小：63148062 KB

图 6-7　代码 6-7 实现的上传文件信息统计

显然代码 6-7 无法实现上述约束条件。因此，需要结合上述约束条件对代码 6-7 的功能进行加强，使之满足约束条件，如代码 6-8 所示。

代码 6-8

```
1  <!DOCTYPE html>
2  <html>
3      <head>
4          <meta charset="utf-8" />
5          <title>demo</title>
6          <style>
7              .wrap{
8                  text-align: center;
9              }
10             table,table tr th, table tr td {
11                 border:1px solid #0094ff;
12             }
```

```
13          </style>
14          <script src="../js/FileMimeDict.js"></script>
15          <script src="../js/MyFileFunction.js"></script>
16          <script>
17              var allFileAllowExtList=addCheckMimes(["image","text"],
18 FileMimeDict);
19              var MaxSingleFileSize=1 * 1024 * 1024;
20              var MaxFileNumber=10;
21              var MaxTotalFileSize=MaxSingleFileSize * MaxFileNumber;
22              function checkBeforeSubmit(obj){
23                  var files=obj.files;
24                  var totalSuccessSize=0;
25                  var totalFailSize=0;
26                  var fail=0;
27                  var msgSuccess="<table>" + "<caption>符合标准文件</
28 cation>" + "<th><td>文件名</td><td>文件大小</td><td>文件后缀</td></
29 th>";
30                  var msgFail=="<table>" + "<caption>不符合标准文件</
31 cation>" + "<th><td>文件名</td><td>文件大小</td><td>文件后缀</td></
32 th>";
33                  var totalFilesNumber=files.files.length;
34                  var allowFilesNumber=0;
35                  var forbidFilesNumber=0;
36                  var allFileTypesLength=allFileAllowExtList.length;
37                  var successFileList=[];
38                  var failFileList=[];
39                  for(var i1=0; i1 < files.files.length; i1++){
40                      var filename=files.files[i1];
41                      var index=filename.name.lastIndexOf(".");
42                      var ext=filename.name.substr(index+1);
43                      var j1=0;
44                      for(; j1 < allFileTypesLength; j1++){
45                          if(ext==allFileAllowExtList[j1]){
46                              allowFilesNumber ++;
47                              msgSuccess +=="<tr>" + "<td>" +
48 allowFilesNumber + "</td>" + "<td>" + filename.name + " </td>" +
49 "<td>" + filename.size + "</td>" + "<td>" + ext + "</td></tr>";
50                              totalSuccessSize +==filename.size;
51                              successFileList.push(filename);
52                              break;
53                          }
```

```
54                        }
55                        if(j1 >==allFileTypesLength){
56                            forbidFilesNumber ++;
57                            msgFail +=="<tr>" + "<td>" +
58 forbidFilesNumber + "</td>" + "<td>" + filename.name + " </td>" +
59 "<td>" + filename.size + "</td>" + "<td>" + ext + "</td></tr>";
60                            totalFailSize +==filename.size;
61                            failFileList.push(filename);
62                        }
63                    }
64                    document.getElementById("msg").innerHTML=msgSuccess
65 + "</table>文件数: " + allowFilesNumber + "个<br />总大小:
66 " + totalSuccessSize + " 字节" + msgFail + "</table>文件数: " +
67 forbidFilesNumber + "个<br />总大小: " + totalFailSize + " 字节";
68                }
69            </script>
70        </head>
71        <body>
72            <div class="wrap" id="msg"></div>
73            <br />
74            <div class="wrap" id="msg">
75                <form name="form1" action="fileupload2.php" method="post"
76 id="form1" enctype="multipart/form-data">
77                    <br /><input type="file" name="files[]" id="files"
78 multiple="mul tiple" />
79                    <br /><input type="button" value="检查文件" onclick=
80 ="checkBeforeSubmit(this.form)" />
81                </form>
82            </div>
83        </body>
84 </html>
```

代码6-8的主要功能就是检查文件扩展名是否符合要求并进行分类统计。其中，将符合文件类型的文件加入允许的文件列表，并计算文件数量和文件大小总量；将不符合标准的文件加入不允许的文件列表，同样计算文件数量和文件大小总量。

控制上传文件扩展名的命令如下所示。

```
var allFileAllowExtList=addCheckMimes(["image", "text"],
FileMimeDict);
```

定义单个文件大小、上传个数及上传文件大小总量的代码如下所示。

```
var MaxSingleFileSize=1 * 1024 * 1024; // 单个文件大小
var MaxFileNumber=10; // 最多上传 10 个文件
var MaxTotalFileSize=MaxSingleFileSize * MaxFileNumber; // 最多文件上传大小总量
```

为了对文件扩展名进行判断，就需要建立白名单或黑名单，代码 6-8 对文件扩展名判断所采用的判断方式是用文件扩展名与白名单对比来确定文件扩展名是否合法。

通常采用数据字典进行判断。所谓数据字典就是指对数据的数据项、数据结构、数据流、数据存储、处理逻辑等进行定义和描述。FileMimeDict 文件是一个标准的存储文件类型和文件类型的数据字典，其中存放了一些常用的 MIME 类型和对应的文件扩展名，其所采用的文件类型对照表如图 6-8 所示。

```
'3gp'=>'video/3gpp',
'7z'=>'application/x-7z-compressed',
'aab'=>'application/x-authorware-bin',
'aac'=>'audio/x-aac',
'aam'=>'application/x-authorware-map',
'aas'=>'application/x-authorware-seg',
'abw'=>'application/x-abiword',
'ac'=>'application/pkix-attr-cert',
'acc'=>'application/vnd.americandynamics.acc',
'ace'=>'application/x-ace-compressed',
'acu'=>'application/vnd.acucobol',
'acutc'=>'application/vnd.acucorp',
'adp'=>'audio/adpcm',
'aep'=>'application/vnd.audiograph',
'afm'=>'application/x-font-type1',
'afp'=>'application/vnd.ibm.modcap',
'ahead'=>'application/vnd.ahead.space',
'ai'=>'application/postscript',
'aif'=>'audio/x-aiff',
'aifc'=>'audio/x-aiff',
```

图 6-8 文件类型对照表

文件类型对照表一共有 900 多行，其中“text”分类的有 74 个，“image”分类的有 64 个。如果用手动输入的方式，就要输入 138（74+64）个比较项，所以，如果采用手动方式对分类进行调整，工作量就会很大。利用程序来生成系统需要的文件扩展名列表，能够提高编程效率。

代码 6-8 中调用了 MyFileFunction.js（见代码 6-9）。MyFileFunction.js 存放的是关于文件上传操作中相关的通用函数和方法，其优点在于 MyFileFunction.js 可以在不同的页面中被调用，使页面代码变得更简洁。

代码 6-9

```
1  function getFullPath(obj){
2    if(obj){
3      return obj.name;
4    }
5  }
6  function checkFileExt(fileObj, extList){
7    var filePath=getFullPath(fileObj);
8    var fileExt=filePath.substring(filePath.lastIndexOf(".") + 1,
9  filePath.length);
10   var fileExtName=fileExt.toLowerCase();
11   for(var index=0; index < extList.length; index++){
12     if(fileExtName==extList[index]){
13       return true;
14     }
15   }
16   return false;
17 }
18 var Sys={};
19 if(navigator.userAgent.indexOf("MSIE")>0) {
20   Sys.ie=true;
21 }
22 if(isFirefox=navigator.userAgent.indexOf("Firefox")>0){
23   Sys.Firefox=true;
24 }
25 function getSingleFileSize(obj) {
26   if(obj){
27     return obj.size;
28   }else{
```

```
29        return -1;
30      }
31  }
32  function getTotalFilesSize(obj){
33      if(obj){
34        totalFileSize=0;
35        for(var i1=0; i1 < obj.files.length; i1++){
36          totalFileSize +==obj.files[i1].size;
37        }
38        return totalFileSize;
39      }else{
40        return -1;
41      }
42  }
43  function addCheckMimes(types, FileMimeDict){
44      var allFileTypes=[];
45      for(var m in FileMimeDict){
46        for(var t in types){
47          if(FileMimeDict[m].indexOf(types[t]) >==0){
48            allFileTypes.push(m);
49          }
50        }
51      }
52      return allFileTypes;
53  }
```

代码 6-9 中使用的 JavaScript 函数及其功能如表 6-1 所示。

表 6-1　代码 6-9 中使用的 JavaScript 函数及其功能

函　数	功　能
getFullPath(obj)	用于获取文件全路径
checkFileExt(fileObj, extList)	用于检查文件扩展名是否相符
getSingleFileSize(obj)	用于获取单个文件大小
getTotalFilesSize(obj)	用于获取文件大小总量
addCheckMimes(types, FileMimeDict)	用于初始化文件扩展名

用户访问代码 6-8 编写的页面，并选择文件后进行提交，结果如图 6-9 所示。图 6-10 所示的页面显示出代码 6-8 实现了一个比代码 6-7 更重要的功能，即将符合标准的文件和不符合标准的文件进行了区分，并分别进行统计的功能。

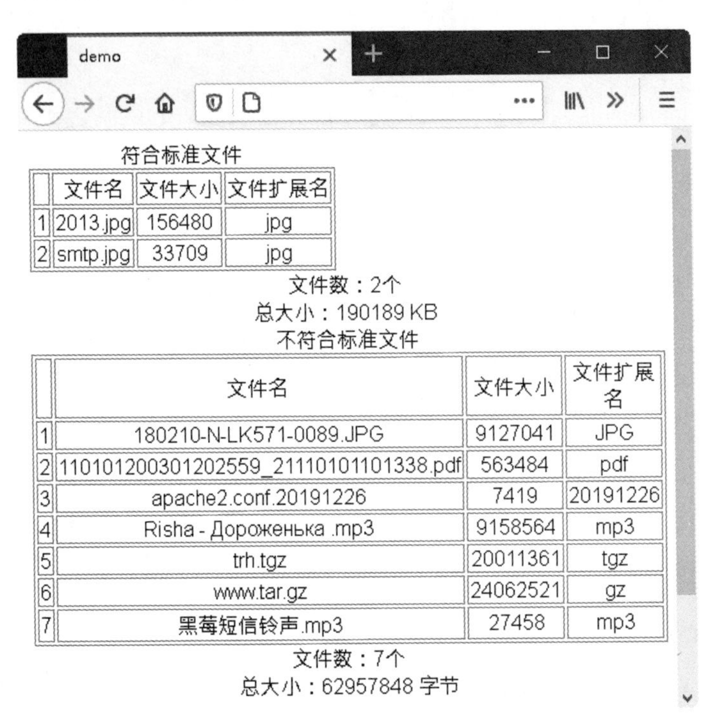

图 6-9　代码 6-8 的上传文件分类和统计

6.2.3　针对上传文件的服务器端安全防护

为防止别有用心者绕开前端页面的防护，直接通过脚本对服务器端进行操作，产生上传文件漏洞，所以必须在服务器端对上传文件进行安全防护。代码 6-10 就是为实现服务器端的安全防护开发而编写的，其功能包括对上传文件的类型进行核查、对单个上传文件的大小进行核查、对上传文件的总数进行核查、对上传文件的大小总量进行核查等。

代码 6-10

```
1  <!DOCTYPE html>
2  <html>
3      <head>
4          <meta charset="utf-8" />
5          <title>demo</title>
6          <style>
7              .wrap{
8                  text-align: center;
9              }
10             table,table tr th, table tr td {
11                 border:1px solid #0094ff;
12             }
13         </style>
14         <script src="../js/FileMimeDict.js"></script>
15         <script src="../js/MyFileFunction.js"></script>
16         <script>
17             var allFileAllowExtList=addCheckMimes(["image","text"],
18 FileMimeDict);
19             var MaxSingleFileSize=1 * 1024 * 1024;
20             var MaxFileNumber=5;
21             var MaxTotalFileSize=MaxSingleFileSize * MaxFileNumber / 2;
22             var failMsg="";
23             function checkExtBeforeUpload(obj){ // 文件类型核查
24                 var allowed=true;
25                 for(var i1=0; i1 < obj.files.length; i1++){
26                     allowed=checkFileExt(obj.files[i1],
27 allFileAllowExtList);
28                     if(allowed==false){
29                     failMsg +=="<br />" + obj.files[i1].name + ": 文
30 件类型错误”;
31                     }
32                 }
33                 return allowed;
34             }
35             function checkTotalSizeBeforeUpload(obj){ // 文件大小总量核查
36                 if(getTotalFilesSize(obj) >==MaxTotalFileSize){
37                     failMsg +=="<br /> 文件总大小超 " +
38 (getTotalFilesSize(obj) - MaxTotalFileSize) + " 字节 ";
39                     return false;
```

```
40                  }
41                  return true;
42              }
43              function checkSingleSizeBeforeUpload(obj){// 单个文件大小核查
44                  var allowed=true;
45                  for(var i1=0; i1 < obj.files.length; i1++){
46 
47  if(getSingleFileSize(obj.files[i1]) >==MaxSingleFileSize){
48                          allowed=false;
49                          failMsg +=="<br />" + obj.files[i1].name + " 大
50  小超 " + (getSingleFileSize(obj.files[i1]) - MaxSingleFileSize)+" 字节 ";
51                          break;
52                      }
53                  }
54                  return allowed;
55              }
56              function checkBeforeRequest(obj){ // 文件合规核查汇总反馈
57                  var succ=true;
58                  if (obj.files.files.length > MaxFileNumber){
59                      succ=false;
60                  }
61                  if(succ){
62                      succsucc=checkTotalSizeBeforeUpload(obj.files);
63                      if(succ){
64                          succ=checkSingleSizeBeforeUpload(obj.files);
65                          if(succ){
66                              obj.submit();
67                          }else{
68                              failMsg="<br /> 单个文件大小超过要求，最多
69  "+MaxSingleFileSize+" 字节 ";
70                          }
71                      }else{
72                          failMsg="<br /> 文件总上传大小超过要求，最多 " +
73  MaxTotalFileSize + " 字节 ";
74                      }
75                  }else{
76                      failMsg="<br /> 文件总数量超过 " + (obj.files.
77  files.length - MaxFileNumber) + " 个”;
78                  }
```

```
79                  msg="上传文件信息" + "<br />文件类型是否符合规则：" +
80 checkExtBeforeUpload(obj.files) + "<br />总文件大小是否符合规则：" +
81 checkTotalSizeBeforeUpload(obj.files) + "<br />单独文件大小是否符合规
82 则：" + checkSingleSizeBeforeUpload(obj.files) + "<hr />总文件大小是：
83 " + getTotalFilesSize(obj.files) + " 字节" + "<hr />文件数量是：" +
84 obj.files.files.length + " 个" + "<hr />" + failMsg;
85                  document.getElementById("msg").innerHTML=msg;
86              }
87          </script>
88      </head>
89      <body>
90          <div class="wrap" id="msg"></div>
91          <br />
92          <div class="wrap" id="msg">
93              <form name="form1" action="fileupload2.php" method="post"
94 id="form1" enctype="multipart/form-data">
95                  <br /><input type="file" name="files[]" id="files"
96 multiple="mul tiple" />
97                  <br /><input type="button" value="上传文件" onclick=
98 ="checkBeforeRequest(this.form)" />
99              </form>
100         </div>
101     </body>
102 </html>
```

正常操作下，点击“上传文件”后，利用函数 checkBeforeRequest() 对上传文件进行分类统计，如果有问题，就会通知用户，如图 6-10 所示。

如果经前端核实上传文件的类型、大小、数量符合应用的要求，就向 fileupload2.php（用于服务器文件上传进行安全防护的代码，如代码 6-11 所示）提交整个表单，包括上传的多个文件，服务器对上传文件的信息反馈如图 6-11 所示。

如果将前端代码6-10中第20行的`var MaxFileNumber=5;`替换为`var MaxFileNumber=10;`，即将最大上传文件数从 5 个变更为 10 个。那么运行代码 6-10，选择 8 个符合文件扩展名要求的文件进行上传，前端限制的上传文件数量就会被突破，8 个文件会被前端提交给 fileupload2.php，服务器对上传文件的汇总信息反馈如图 6-12 所示。

图 6-12 中，fileupload2.php 反馈给用户的汇总信息说明了服务器（如代码 6-11 所示）

在核查中发现了上传文件的数量超过了限制（服务器上文件上传数量上限为 5），拒绝了上传文件的操作，导致文件上传失败。

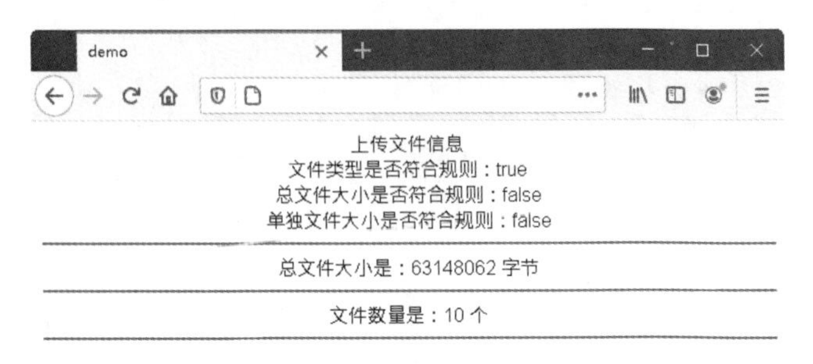

图 6-10　代码 6-10 的上传文件分类统计

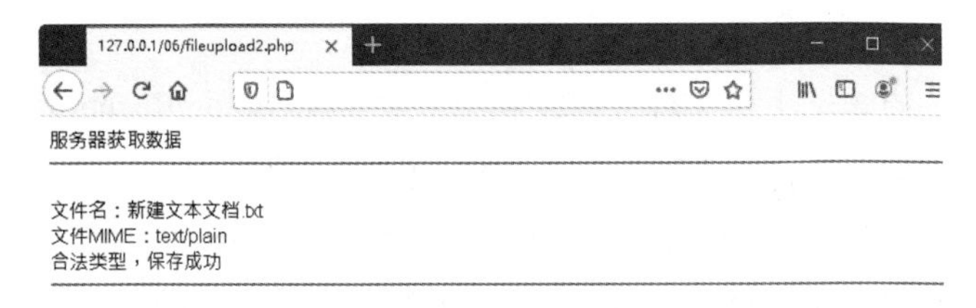

图 6-11　服务器对上传文件的信息反馈

图 6-12　服务器对上传文件的汇总信息反馈

这个处理过程和结果说明，在文件上传的示例中有两个地方控制着文件上传的数量：一个是位于前端的浏览器（如代码 6-10 所示），另一个则是位于服务器端（如代码 6-11 所示）。当浏览器对上传文件数量的限制失效后，服务器对上传文件数量的限制作用就显现了出来，从而保护了服务器的安全。

运行代码 6-10，进行文件上传，实现了对上传文件的数量限制和对文件扩展名的筛选，但如果有人企图将一个扩展名为 .dll 的文件或其他可以危害到服务器安全的文件，通过将文件扩展名修改为 .txt（如图 6-13 所示）的方式上传到服务器，其结果反馈如图 6-14 所示。

图 6–13　修改文件扩展名后的文件比较

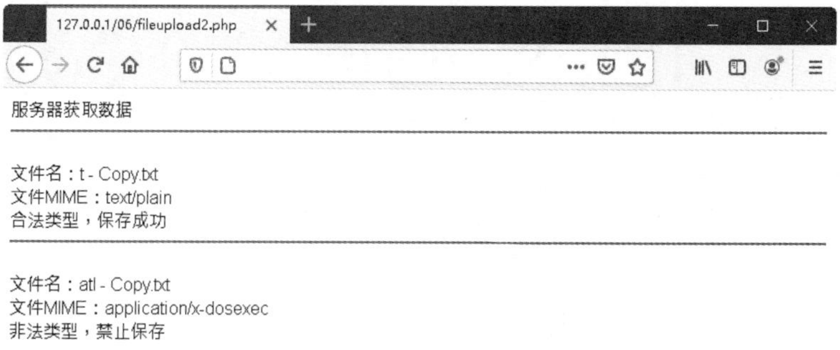

图 6–14　服务器对上传文件的结果反馈

显然，服务器上没有被客户端上传的文件所欺骗，文件 atl-Copy.txt 被服务器识别出来了，它的类型是 application/x-dosexec，不在允许范围内，所以就被禁止保存了。而与之同时上传的 t-Copy.txt 被服务器识别为 text 文件，就被成功上传。

代码 6–11

```
1  <?php
2      $finfo=new finfo(FILEINFO_MIME_TYPE);
3      require_once("FileMimeDict.php");
4      $allowed=array(
5        $FileMimeDict["text"],
6        $FileMimeDict["jpeg"],
7        $FileMimeDict["png"]);
8      $SingleMaxFileSize=1 * 1024 * 1024;
9      $TotalMaxFileSize=2 * 1024 * 1024;
10     $TotalMaxFileNumber=5;
11     echo " 服务器获取数据 <hr />";
12     $total=count($_FILES["files"]["name"]);
13     $uploads_dir="./uploads/";
14     if($total > $TotalMaxFileNumber){
15       echo "超过最大文件上传数量(MAX:".$TotalMaxFileNumber.") ".($total
16 - $TotalMaxFileNumber). " 个 ";
17       return;
18     }
19     for($i=0; $i<$total; $i++) {
20       echo "<br /> 文件名: ".$_FILES["files"]["name"][$i];
21       echo "<br /> 文件 MIME:
22 ".$finfo->file($_FILES["files"]["tmp_name"][$i]);
23       if($_FILES["files"]["size"][$i] > $SingleMaxFileSize){
24         echo " 超过单个文件大小 (MAX:".$SingleMaxFileSize.") ".($_
25 FILES["files"]["size"][$i] - $SingleMaxFileSize). " 字节 ";
26         break;
27       }
28       $tmpMsg="<br /> 非法类型，禁止保存 ";
29       for($j=0; $j < count($allowed); $j++){
30 
31 if($finfo->file($_FILES["files"]["tmp_name"][$i])==$allowed[$j]){
32           move_uploaded_file($_FILES["files"]["tmp_name"][$i],
33 $uploads_dir.$_FILES["files"]["name"][$i]);
34           $tmpMsg="<br /> 合法类型，保存成功 ";
35           break;
36         }
37       }
```

```
38         echo $tmpMsg;
39         echo "<hr />";
40     }
41 ?>
```

打开名为 t-Copy.txt 的文件，发现其的确是一个可以用 Notepad 打开的文本文件，但里面保存的内容却是可以被运行的 VBS[①] 代码，内容如图 6-15 所示。显然应用没有将普通的文本文字与 VBS、JavaScript、Shell 脚本[②] 这些同样是文本的代码区别开。

图 6-15　冒名文本文件的代码文件内容

如果要对 TXT 文件中普通的文本文字与 VBS、JavaScript、Shell 脚本代码进行区分，那会是一件相当困难的事情。TXT 文件中普通的文本文字与 VBS、JavaScript、Shell 脚本难以区分的问题，可以采用加密的方法来解决，即对已成功上传的文件的文件名进行加密，同时对上传文件的内容也进行加密。这样，被上传的这些文件就不能依照原来的文件名按图索骥，也不能随意被直接执行，从而避免安全隐患。但是对文件进行加密、解密处理，无疑会增加服务器开销。

① VBS，Microsoft Visual Basic Script Edition，基于 Visual Basic 的脚本语言。

② Shell 脚本：将各类命令预先放入一个文件，方便一次性执行的一个文件，其作用与 Windows/DOS 下的批处理相似。

在任何时候，针对文件上传的安全防护都是非常重要的，如果处理不当，无异于使服务器成为不设防的“城市”。如果用户上传的文件中含有恶意代码，就有可能导致服务器的安全防护形同虚设，有可能被别有用心者利用，对用户造成较为恶劣的影响。

思考与提示

代码 6-11 中，代码 `$uploads_dir="./uploads/";` 中的路径 `./uploads/` 非常重要。开发者选择上传文件的存储目录时，应选择用户不能通过浏览器直接访问的目录，这也是一种安全防护措施。